집이 우리를 죽인다,

독(毒)적과의 동침

집이 우리를 죽인다, 독(毒)적과의 동침

: 허정림 지음 :

어문학사

우리 집, 독소와의 전쟁을 선포하며……

나는 두 아이의 엄마가 되어서야 환경에 대한 공부를 시작했다. 잔병치레가 잦고 아토피성 피부염에 시달리는 아이들을 기르면서 그 원인이 바로 집에 있었다는 충격적인 사실을 깨닫고, 아이를 아프게 한 무지한 엄마로서의 아린 반성으로 환경에 눈을 뜬 것이다.

10년 된 단독주택에서 신혼생활을 시작하여 얼마 지나지 않아 첫 아이가 생겼지만 계류 유산으로 잃었다. 그때는 마치 내가 불치병 환자가 된 것 같은 커다란 충격을 받았다. 나는 어려서부터 링거를 꼽거나 수술을 받은 경험은커녕, 흔한 진통제조차 맞아본 기억도 없는데 계류유산이라니……. 수술을 담당했던 의사는 과학적으로 규명되지 않아 그 원인을 딱히 단정 지을 수 없다고 했다.

시간이 한참 지난 뒤 대학 은사님께 그런 일이 있었다고 말씀드렸더니 아마도 최루탄 때문인 듯하다고 하셨다. 나와 비슷한 학번 친구들에게 유독 자연유산이 많더라는 말도 덧붙이셨다. 내가 학교에 다녔던 때는 캠퍼스에서 매일 집회와 시위가 있었고, 졸업 후에는 직장이 있던 명동에서 6·10항쟁으로 인한 시위가 있었다. 결국, 최루탄 연기 속에서 청춘 시절을 보낸 셈이다.

큰아이는 나의 기원이 통했는지 건강하게 출산했지만, 태어난 지 10일 만에 감기에 걸렸다. 체중도 정상이었고 엄마 젖을 먹어 건강해야 했지만, 아이는 무슨 이유 때문인지 낳자마자 감기에 걸려버린 것이다. 초유를 먹인 보통 유아들은 태어나서 한 달 정도는 웬만한 질병에 걸리지 않는데 말이다. 그 뒤로도 아이는 백화점에만 갔다 오면 반드시 모세기관지염에 걸리고, 원인도 없이 보름 동안 체온이 40도를 오르내리기도 해 내내 간장을 녹였다. 현재 성인이 된 큰 아이는 생리통으로 고생하고 있다. 제발 환경호르몬의 폐해가 아니기를 간절히 기도하지만, 이러한 일은 아직 보지 못한 산의 뒤편일 뿐이다.

시간이 흘러 둘째가 태어났고 백일 무렵에 우리 가족은 아파트로 이사했다. 그런데 이상하게 큰애에게 없던 아토피성 피부염이 작은애에게 생겼다. 아파트로 이사하자마자 채 한 달도 안 되어 단독주택일 때 없었던 아토피성 피부염에 걸린 것이다.

이사 간 아파트는 부엌과 거실이 연결된 작은 아파트였다. 부엌과 거실이 열린 공간이어서 아이가 누워 있을 때도, 보행기를 탈 때도 한눈에 아이를 볼 수 있어 좋았다. 추위에 민감한 단독주택에서 얻은 습관 때문에 오래된 싱크대의 낡은 환기 팬조차 켜지 않았고, 창문을 열어 환기도 시키지 않았다.

게다가 처음 갖는 내 집이라는 생각에 페인트도 직접 바르고 가구도 새것으로 모두 바꾸었다. 그런데 가족 중 제일 어린 작은아이 몸이 이상 신호를 보냈다. 그럼에도 그 원인이 집의 유해물질 때문인 것을 알아채는데 시간이 걸렸다. 결국, 이때 생긴 아토피성 피부염은 현재까지도 작은 아이를 괴롭히고 있다.

나는 아이가 왜 비염을 달고 사는지, 왜 아토피성 피부염에서 헤어나지 못하는지를 생각해 보았다. 특별히 잘못 먹인 것도, 유전적 요인도 없는데 왜 이런 증상이 생겼을까?

그제야 이사 오기 전과 다른 환경이 보였다. 집 안의 구조와 집에 들어찬 물건들을 하나하나 뜯어보기 시작했다. 놀랍게도 집 안에는 온통 화학제품이 넘실대고 있었으며 최루탄처럼 각종 독소가 넘쳐나고 있었다. 또한, 아이들에게 먹이는 음식도 농약 범벅인 채소와 수입산 고기 등 온통 오염된 것뿐이었다. 게다가 시어른을 모시고 살다 보니 찬바람이 들지 못하게 문을 꼭꼭 닫은 채 아이와 좁은 방 안에서 온종일 생활했다. 두터운 비닐로 코팅된 커튼을 바닥까지 드리우고 그것도 모자라 햇볕을 가리려 플라스틱 블라인드를 쳤다. 화학 비닐 장판을 깔았고 과도한 난방으로 방은 절절 끓었다. 공기는 덥고 탁했으며, 아이는 아팠다.

그제야 나는 막연하게 집 안의 환경이 아이에게 나쁜 영향을 미치는 것이 아닌가 하는 생각을 했다. 그 뒤 환경 공부를 본격적으로 시작하면서 내 생각이 옳았음을 깨달았고 비로소 집 안 오염물질의 폐해를 피부로 느꼈다.

이 책은 어려운 전문서적도 골치 아픈 환경서적도 아니다. 누구나 생활에서 관찰하면 보이는, 그런 주변의 모습을 꼼꼼히 기록한 유익한 생활 정보서이다. 건강한 가족으로부터 건강한 세상을 꿈꾸고 싶은, 그저 나처럼 어리석은 엄마로 인해 아픈 아이들이 더 이상 없기를 바라는 마음으로 이 책을 쓰게 되었다.

집 안 구석구석 화학물질의 오염실태를 알리고 위험성을 공감하고 싶었다. 화학 유해 독소의 위험성은 작은 생활 습관으로 줄일 수 있다. 환경 인식의 변화가 주는 태도의 변화로 우리 가족의 삶이 더 건강해질 수 있다. 엄마가 조금만 더 관심을 두고 신경을 쓴다면 친환경적인 생활방식을 영위할 수 있고 아이들도 건강하게 자랄 수 있을 것이라 확신한다.

이 책은 집 안 곳곳 유해화학물질의 위험성을 고발하고 있다. 집으로부터 가족을 보호하기 위해서 어떻게 해야 하는지도 알려준다. 집의 건축 자재부터 공간별로 집 안의 모든 유해 독소를 파헤쳐 무엇이 왜 나쁜지 알려 준다. 그뿐만 아니라 가구, 소품, 옷, 위생·미용 용품, 모기약, 세제 그리고 가전제품과 그릇, 심지어 종이 한 장까지도 놓치지 않았다.

가장 고민인 새집증후군은 물론 건강한 집을 위한 예방책 또한 꼼꼼히 기록했다. 각 장에서 솔루션을 제안하고 유해 독소를 퇴치하는 방법을 친절히 가르쳐 준다. 가전제품과 가구를 배치하는 방법부터 천연 세제로 집 안 곳곳을 안전하게 청소하는 노하우까지 알려주는 생활백과사전이다.

이제 환경의 역습에 무방비했던 시절은 지났다. 지혜로운 엄마라면 지금 당장 집 안 독소와의 전쟁을 선포하라! 우리 집 독소를 퇴치하여 소중한 내 가족을 보호하자! 인생의 망망대해를 헤쳐 갈 큰 배의 항해사는 바로 주부이다. 건강한 가족의 바른 길잡이는 주부의 손에 달렸다. 이 세상 누구도 대신해 줄 수 없는 내 아이들을 지켜낼 사람은 바로 '엄마'라는 이름의 당신이다.

끝으로 내 인생의 등불이 되어 준 소중한 가족에게 더 없는 감사와 뜨거운 사랑을 전한다. 늘 부족한 엄마, 아내, 며느리, 딸이지만,

한결같이 믿고 지지해 준 가족은 언제나 나의 버팀목이었다.

"나 죽어서까지도 사랑할 내 아이들…… 정주원, 정창욱! 이 세상 모든 살아 있는 생명체의 존귀함을 소중히 하고 그늘 속에 소외된 이들에게 빛이 되는 사람으로 살아갈 수 있도록 늘 정진해 주기를 바라면서……."

2014년 1월

작가 허 정 림

차례

1부

우리가 사는 집, 과연 안전한가?

인류는 자연재해와 야생동물로부터 자신을 보호하기 위해 '집'을 지었다. 그 시작은 동굴에 불과했지만, 농경 생활로 정착함에 따라 지역별 특징과 구조를 가지고 발전하였고 마침내 집은 삶과 휴식을 위한 최적의 쉼터로 자리매김했다.

하지만 현대에 이르러 집은 실로 급격하고 과감하게 변화했다. 속속 발명되는 신소재와 공법들로 현대 문명은 인간의 주거 형태를 혁명적으로 바꾸어놓았다. 게다가 집은 생존을 위한 공간이기보다 재산 가치와 개성을 표현하는 수단과 과시욕의 대명사로 불린다.

그 대표적인 작품이 아파트이다. 특히 한국에서 아파트는 최고의 인기를 구가하는 주거 형태이다. 사각의 틀 안에서 공간을 최대한 활용한 아파트는 가히 주거 혁명으로 불릴 만하다. 대문부터 안채와 주방, 심지어 화장실까지도 한자리에 옮겨놓았고, 공간 활용도 혁신적이다. 짧은 동선, 쉬운 냉난방 등 기존의 한옥보다 관리가 훨씬 쉬우면서도 내장재만 바꾸면 언제든 새집처럼 연출할 수 있는, 변신이 자유자재인 현대 도시인의 구미에 딱 맞는 스타일이 바로 아파트이다.

이런 기능성 향상이 주는 편리함에 매혹되기에는 현대의 집은 더 이상 사람이 쉴 수 있는 공간이 되지 못한 지 오래다. 재충전할 수 있는 안락한 쉼터라는 본연의 집 역할은 편리함과 아름다운 디자인을 위해 첨단의 소재와 자재로 무장하면서부터 주객이 전도되었다. 집이 온갖 독성 화학물질의 온상이 되어버리고 만 까닭이다. 그리하여 오늘날의 집은 인간을 공격하는 무서운 파괴자로 전락해버렸다. 결국, 현대인의 집은 기초부터 마무리까지 온통 유해화학물질로 범벅되어 그 속에서 생활하는 사람이 오히려 집의 독을 걸러내는 허파 역할을 하는 셈이 되었다. 이는 더할 나위 없이 편리하고 화려해진 집 이면에 숨은 현대건축 모습을 보여주는 것으로, 사람을 보호하는 집이 인간을 공격하고 있는 것이다.

현재 전 세계적으로 사용되는 화학물질은 10만 여종에 이른다. 해마다 시장에 진입하는 화학물질만 해도 2,000종이나 된다. 한국에서 사용하는 화학물질은 약 4만 3,000종이다. 해마다 시장에 진입하는 화학물질은 400종에 달한다. 유통량은 갈수록 늘어나는 추세다. 지난 2001년 2,116만 톤이던 유독물 유통량은 지난 2012년에는 무려 80% 증가한 3,799만 톤이었다. 이처럼 화학물질 종류와 유통량은 갈수록 늘어나고 있지만, 이중 정보가 확인된 물질은 6,000여 종에 불과하다.

조사에 따르면, 국내에 유통되는 물질 중 30.1%가 국제 기준상 발암물질(또는 발암가능물질)로 351종이나 되며 유통량은 1억 5,637만 톤이다. 게다가 암을 일으킬 가능성이 높은 1A 등급 물질만 2,286톤이다.

사전적 의미로 화학물질이란, 화학적 방법으로 만든 인공적 화합물을 뜻하지만, 그보다 먼저 떠오르는 것은 석유화학 산업의 부산물이다. 원유나 천연가스를 가공하여 얻어지는 부산물이나 추출물인 석유화학 물질을 원료로 하여 합성수지, 합성섬유, 합성고무, 세제 등을 만들어내기 때문에 거의 모든 생활용품에 석유화학 물질이 들어 있다.

우리나라를 비롯한 각국이 일정 기준에 따라 유해화학물질을 분류하여 관리하고 있지만, 급격히 늘어나는 화학물질을 모두 안전하게 관리하기는 불가능한 일이다. 우리나라는 지난 1991년 '유해화학물질 관리법'이 제정된 이후부터 국내에 수입·제조된 신규화학물질에 대해서만 화학물질 정보를 확인하고 있기 때문이다. 그뿐만 아니라 국제암연구소가 밝혀낸, 현대인의 가장 두려운 존재인 암을 일으키는 원인인 500여 개의 발암물질 목록은 완성본이 아니다. 암을 일으키는 요인이라고 조사한 물질은 겨우 1,000여 종이며 이 중 500종의 물질이 밝혀졌을 뿐이다. 더욱 놀라운 사실은 이조차 밝히는 데 50년이 걸렸다는 것이고 아직 연구되지 않은 10만 종의 물질과 그에 따른 부산·혼합물들이 있다는 사실이다. 무엇보다 20세기 들어서 단기간에 개발된 화학물질들이 진정 위험한 까닭은 자연에서 쉽사리 분해되지 않고 생물체 내에 축적되어 자연과 생물체에 치명적인 영향을 미치기 때문이다.

그런데도 사람들은 화학물질로 둘러싸인 집의 역습을 알지 못하고 대처 방안도 모른 채 병들어가고 있다. 화학물질은 우리가 신용하는 거의 모든 물건과 장소, 심지어 공기 중에도 존재한다. 흔히들 안정치 또는 허용치라는 말을 과신하는 경향이 있다. 최소한의 허용치를 정해둔 것은 그것이 인체에 해가 없다는 뜻이 아니다. 이는 단기간에 인체에 영향을 주지 않는 수치일 뿐, 장기적인 노출이나 만성 흡입에 대한 안전성을 보장하는 말이 아니다.

인간은 수만 년 동안 자연에 적응해 살아왔지만, 단기간에 발달한 화학물질에는 적응하거나 저항할 만큼의 충분한 시간이 부족했다. 첨단과학의 발달과 혁신적인 소재로 주목받으며 사용되어 온 인간의 편익을 위한 모든 물품에 비해 인간의 몸은 진화하지 못했다. 이제 화학물질은 인간에게 서서히 역습을 시작했다. 인간을 위해 만든 우리가 숨 쉬고 사는 집! 구석구석의 다양한 형태로 발산되어 고스란히 인체에 전달되는 집 안의 유해물질은 가장 경계해야 할 공포의 대상이다. 집은 더 이상 안전한 곳이 아니다. 이제라도 건강한 삶을 살기 위해서 우리가 사는 집에 관심을 두고 살펴봐야 한다. 화학물질로 무장한 집을 외면하기에는 우리 몸이 너무 많이 시달리고 있다. 이제라도 과감히 우리 집 구석구석의 모든 화학물질로부터 나오는 독소와의 전쟁을 선포하자!

과거의 집에서 미래를 본다

삶의 터전, 집

집에 대한 우리의 정서는 아주 특별한 것이다. 생활의 근거지로, 그리고 마음의 안식처로 살아가는 공간이 바로 집이다. "내 집만큼 좋은 곳이 없다"고 말할 정도로 집은 누구에게나 머물고 안정을 취할 수 있는 곳이며, 활기차게 세상에 나가기 위해 휴식을 취하고 내 일을 준비하는 가장 편한 공간이다. 비록 좁고 초라한 공간일지라도 내 집이 주는 안락감은 세상 그 무엇과도 바꿀 수 없다.

그런 정서적 작용 때문에 집은 실용성, 안락함과 더불어 아름다움과 편리성 역시 요구되었다. 현대에는 건축물 자체의 미(美)나 인테리어의 중요성이 더욱 커졌다. 물론 오늘날의 디자인은 공간의 편의와 기능까지 모두 포괄하는 독창적인 아름다움을 고려하고 있지만, 현대의 집이 외적 아름다움에 두는 무게는 옛집에 비할 바가 아니다.

전통적으로 대가족 제도를 가진 우리나라에서의 집은 실용의 기능을 가장 중요한 요소로 쳤다. 과거의 집은 돌, 나무, 흙 등 전원재료를 바탕으로 지역 특색과 기후에 알맞게 지어졌다. 유교 이념이 반영된 양반 주택 구조는 남녀가 유별하고 상중하가 엄격한 공간구성을 보이고, 장식 면에서도 사대부 계층의 기품있고 검소한 예술미를 살렸다. 반면 서민들의 집은 말 그대로 실용적인 재료로 기능을 최대한 살린 소박한 집이었다. 그런 집에서 3대가 공간을 나누어 긴밀하고도 독립적인 생활을 영위했다.

예나 지금이나 집은 여전히 휴식과 화합의 장임이 틀림없지만, 현대로 올수록 핵가족화에 기인해 많은 변화가 있었다. 집 안의 중심인 주부의 움직임과 편의에 초점을 두고 에너지 효율이 극대화된 공간구조로 변한 것이다. 또한, 옛집이 보여주는 실내 공간의 연계성과 그로 인한 개방성은 차츰 줄어들고, 작은 공간에서도 사적인 독립성을 높이며 실내외의 연결성은 단절된, 대단히 폐쇄적인 구조로 변화했다. 이는 내남없이 살았던 예전과 달라진 개인주의로 점철된 현대 삶의 방식이 반영된 까닭이리라.

그러나 무엇보다 가장 큰 변화는 집이 순수한 삶의 터라는 본연의 의미에서 소유와 재산의 의미로 탈바꿈한 점이 아닐까 싶다. 옛날에는 어느 언덕배기든 초가삼간을 엮어 의지하고 살 수 있었지만, 지금은 사정이 다르다. 집을 이용해 전문적인 사업을 할 정도로 집의 재산가치가 높아졌다. 그런 만큼 더 높은 가치를 위해 집을 치장

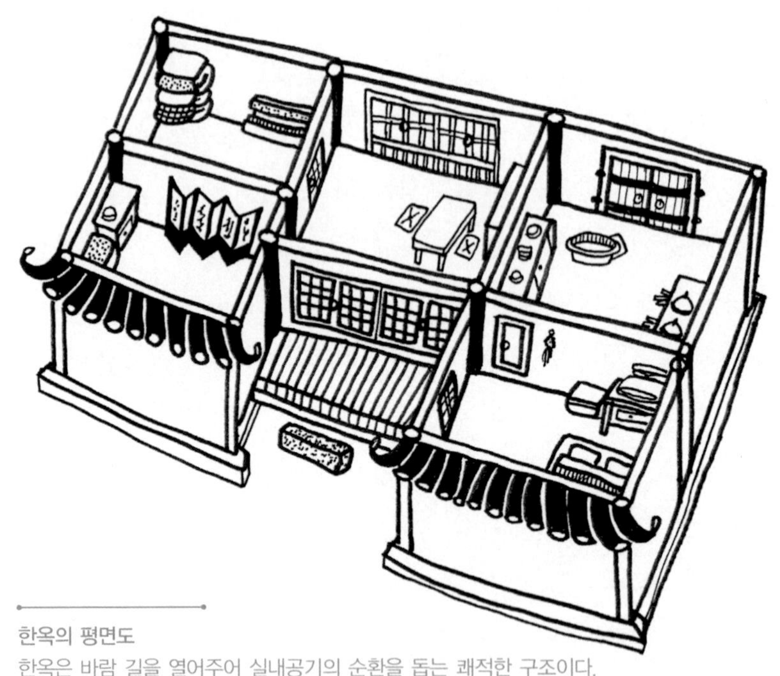

한옥의 평면도
한옥은 바람 길을 열어주어 실내공기의 순환을 돕는 쾌적한 구조이다.

하고 과시할 필요도 늘었고, 첨단과학은 이를 부추겨 손가락 하나만으로 집을 관리할 수 있을 만큼 최신 설비를 갖추게 도와주었다.

그러나 그 모든 것이 무슨 소용이랴! 집이 현대화되면 될수록 최신 화학물질과 첨단 기술력의 총아가 되어 인간을 좀먹고 있지 않은가.

최근 웰빙과 자연주의 추세에 따라 고급주택에 천연소재와 친환경제품들을 도입하고 집 안의 유해물질에 대한 인식도 높아졌지만, 대다수 서민의 주택은 여전히 유해 독소를 뿜어내는 화학물질로 가득 차 있다.

그럼에도 불구하고 우리에게 집은 여전히 삶의 터이기에, 그 삶의 터전에 우리 삶을 방해하는 어떤 위험이 도사리고 있는지, 그리고 그것을 어떻게 해결해야 하는지 알아볼 일이다. 소중한 가족을 살리는 일이기에…….

실용과 자연이 어우러진 옛집

불과 반세기가 안 되는 동안 전통가옥은 몰락의 길을 걸었다. 그 중심에는 '초가집도 없애고 마을 길도 넓히는' 새마을 운동이 자리하고 있었다. 이렇게 단기간에 정책적으로 전통가옥을 몰살시켜야 할 만큼 전통가옥이 미흡하고 불합리한 주택이었단 말인가? 물론 대답은 '아니오'다. 옛사람들이 지은 집이 얼마나 과학적이고 합리적이며 자연 친화적 구조인지 안다면 놀라지 않을 수 없다. 우리나라는 북쪽과 남쪽 지역의 서로 다른 일조량에 따라 겹집 또는 홑집을 지었다. 산을 등지고 너른 들을 내다보는 남향집을 선호했는데, 이로 인해 빛과 공기의 흐름이 이상적인 자연원리에 따를 수 있었다.

앞마당의 백토와 모래는 빛을 모으고 물 빠짐을 좋게 했으며, 뒷마당에 조성한 뜰은 앞마당과의 자연스러운 기온 및 기압 차를 생기게 하여 자연통풍이 이루어졌다. 또한, 기단을 쌓아올려 습기나 침수에 대비했다. 마루 밑 공간이나 대청의 연등천장은 공기를 원활히 통하게 하고 뜨거워진 공기를 식혀주는 역할을 했다.

또 여름이면 분합문•을 돌쇠에 걸어 집 안팎으로 맞바람이 쳐 시원하기 그지없었다. 습기가 많은 우리나라의 기후풍토에서는 통풍이 중요했다. 수분 방출

> **분합문**
> 겉창과 같은 아래쪽에 통널 조각을 대고, 흔히 네 쪽문으로 만든다. 고옥의 사당 정면에 분합문을 달아 제례 때는 활짝 열어놓는다.

과 집 안에 서식하기 쉬운 미생물의 피해를 줄이고 목조건물의 수명을 길게 하기 위한 바람길은 필수적이었다.

또한, 처마 덕분에 겨울에는 햇빛이 실내에까지 도달했지만, 여름철 직사광선은 실내로 들어오지 못했고, 비 오는 날에도 맘껏 창을 열어젖히고 빗줄기를 바라볼 수 있었다. 실내와 실외를 창호지 한 장으로 연결했고, 창살의 밀도는 지역에 따라 빛을 조절할 수 있도록 했다.

볏짚을 섞은 흙바닥과 흙벽은 공기를 원활하게 소통시켰고 습기 조절에 효과적이었다. 바닥에 구들장을 깔고 볏짚 섞은 점토로 마감하면 이것이 바로 황토방이다. 황토는 습도조절력이 뛰어나고 낮은 온도에서도 원적외선을 발산하며 해독작용을 한다. 이러한 과학적 사실을 지금은 다 안다지만, 옛 조상들이 이미 오래전부터 생활의 지혜로 알고 있었다는 사실이 놀라울 뿐이다.

난방기구인 구들은 한번 달궈지면 쉬이 식지 않고 방 전체의 공기를 태웠다. 또 아궁이에 불을 땔 때 나오는 연기는 집 안을 소독하고 습기를 옥외로 방출하는 역할도 했다. 구들 밑을 지나는 방고래 끝에 파놓은 개자리•는 고래보다 온도가 낮아, 여기에 다다른 연기가 잠시 냉각되어 머물며 그을음을 털고 굴뚝으로 향했다.

한지로 마감한 장판은 콩기름이나 들기름을 여러 번 발라 윤을 내고 길을 들였는데 이를 콩댐이라 했다. 콩댐으로 방수 장판이 완성되고, 이때 치잣물을 섞어 따뜻한 황갈색조의 방바닥을 연출했다.

날아갈 듯 선이 아름다운 기와지붕은 암키와, 수키

개자리

불기운을 빨아들이고 연기를 머무르게 하려고 방구들 윗목 밑을 고래보다 더 깊이 파놓은 고랑.

와를 여러 장 겹쳐 깔고 흙과 백토로 마무리하여 방수와 통기가 용이하고 부분적인 수리에도 편리했다.

무엇보다도 옛집의 모든 재료는 완전한 자연물로써 그 특성을 십분 활용한 가장 지혜로운 방법으로 이용했다. 전통가옥은 수명이 다하면 자연으로 돌아가거나 훌륭하게 재활용할 수 있는 천연 재료들뿐이었다.

하지만 현대의 콘크리트 건물은 땅을 깊이 파내거나 산을 뭉개며 자리를 잡아 자연을 파괴할 뿐 아니라 건물의 내장재도 독한 것들 뿐이다. 또한, 집의 수명이 다해 꽝꽝 때려 붓거나 발파공법으로 해체할 때 그 잔해 또한 환경오염 덩어리다.

그렇지만 한옥은 집 짓는 터조차 훼손하지 않는다. 바닥을 손질하고 기단을 놓으면 그뿐, 목재를 짜 맞추어 이음새를 잇고, 세월에 따라 채기를 박아 견고함을 유지해 준다. 내진구조에 가장 좋은 집도 목재를 짜 맞춘 집이라 하니, 지진이 자주 일어나는 일본에서 목조 주택을 고집한 이유가 거기에 있다.

사람이 숨 쉬며 살듯 우리의 옛집도 숨 쉬는 집이었다. 집의 모든 자연 재료가 제각각의 역할로 조화를 이루며 가장 이로운 방법으로 인간의 건강에 봉사해온 천혜의 유산인 것이다.

현대주택의 허와 실

▷ 편리함 속에 도사린 발톱, 아파트의 두 얼굴

사람들의 다양한 삶만큼이나 다양하고 새로운 유형의 주택이 많지만, 그 중 아파트로 대표되는 공동주택이야말로 우리나라 현대주택의 전형이라는 데에는 이견이 없을 것이다.

아파트가 아닌 단독주택이라 해도 요즘의 주택들은 다들 대동소이한 문제점을 안고 있다. 도심을 벗어난 공기 좋은 곳의 호화주택조차 현대주택의 공해와 주택 내부의 오염에서 자유롭지 못하다. 오히려 옛날에 지어진 시골의 오두막이 훨씬 더 집다운 집으로서 안전하고 인간적인 집이라 할 수 있다. 그러므로 이 책에서 현대주택의 문제점 등을 거론하며 늘 아파트를 문제 삼는 것을 이해해 주시라.

아파트는 사실 편리한 주택이다. 대문부터 화장실까지 그야말로 '원스탑 리빙 스페이스'가 아닌가. 이제는 햇볕 좋은 베란다를 아예 흙과 잔디로 채운 화단까지 갖춘 아파트가 등장하니 옛 마당의 정취까지 집 안으로 끌어들이려는 그 노력을 가상하다 해야 할까. 그 상술을 얍삽하다 해야 할까.

주부의 동선과 가사 노동의 편리함을 최대한 고려한 실내 설계나 이중창만 닫으면 최고의 단열이 가능한 상하좌우의 겹집구조는 에너지 효율이라는 경제적인 측면에서도 환영받을 만하다. 또한, 집단 공동 주거의 장점을 충분히 발휘한 편익시설도 매력적이다. 쓰레기 처리나 골목길 청소 같은 단독주택에서의 불편사항도 없다.

또한 오로지 내 집 안만 잘 건사하면 얼마든지 쾌적한 생활을 할 수 있다. 집 안 건사도 예전에 비하면 얼마나 편리해졌는가. 문고리 하나까지도 인체공학적인 디자인으로 더욱 편리하고 아름답게 진화해 가는 추세이니 맘에 들지 않을 리 없다. 고급아파트일수록 훌륭한 경비 시스템이 외부인의 출입을 통제하고 사생활을 적극 보호

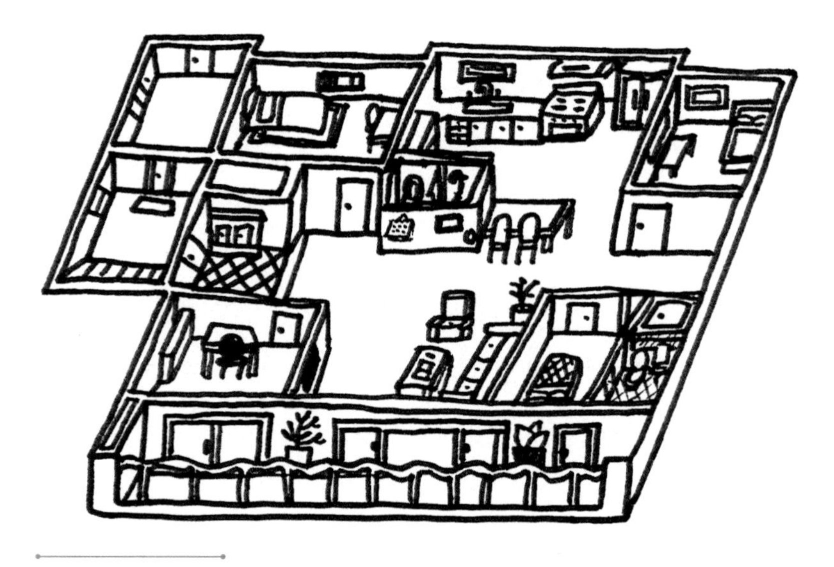

아파트의 평면도
아파트는 공간 이용이 편리하도록 동선에 주안점을 둔 구조이다. 하지만 화장실 냄새와 주방 연료에서 나오는 유독가스 등을 자연스레 배출할 수 있는 구조는 아니다.

해준다. 그럴수록 집값도 천정부지로 치솟으며 재산가치를 올려주니 누가 아파트를 마다한단 말인가.

그런데 현대주택이 간과하고 있는 중요한 사실은 그것이 과연 진정 인간을 행복하게 하는 공간인가라는 점이다. 진정 우리의 행복한 삶을 위해, 힘을 북돋우는 집일까?

결론부터 말하자면 아파트는 반자연적인 집이다. 생태적으로나 사회적으로나 반자연적이다. 그럴 수밖에 없는 것이 현대건축사에 획기적 선을 그은 콘크리트라는 소재 자체가 반자연적이기 때문이다. 콘크리트는 골조와 시멘트에 물을 섞어 만드는데 주요 재료인 시멘트는 석회질 원료와 규산질 원료, 그리고 산화철 원료를 첨가하여 분말로 만든 것이다. 이것이 바로 독을 일으키는 주범이다. 그리고 콘크리트를 만들기 위해 소비되는 철강과 시멘트 제조과정에서 사용되는 막대한 원료들은 모두 자연을 오염시킨다.

아파트는 예전의 동리문화와도 거리가 먼 구조물이다. 온 동리가 공동체이던 시절과는 달리 요즘 아파트의 현관문은 철옹성의 상징이다. 수백 가구가 덩어리를 이루어 살지만, 막상 옆집 사람이 죽어 나가도 모른 채 살아가는 것이 우리네 아파트를 사는 현대인의 모습이다. 이러한 이웃과의 교류와 소통의 단절은 심각한 사회 문제로 대두하고 있다.

아파트는 마당도, 몇 개씩 지나야 하는 중문도 없이 들어서기만 하면 온통 실내인데도 각자 방문 닫고 들어가면 지극히 사적인 공간을 하나씩 배당받는다. 분합문 걸어 올리고, 장지문을 있는 대로 열어젖히면 사적 공간이 순식간에 앞뒤로 뚫린 개방 공간이 되어 공적 장소로 탈바꿈이 가능하던 한옥의 공간들은 사라져 버렸다. 동시에 우리네 공동체 문화도 자취를 감췄다.

하지만 무엇보다도 큰 문제는 밀폐도 높은 일체형의 공간구조 때문에 실내공기 오염이 심각하다는 점이다. 주방의 열린 구조는 집안에 유해가스의 오염도를 높이고, 콘크리트의 특성상 실내건조현상이 두드러진다. 그래서 공기정화기를 사용해보지만, 옛집보다 환기가 시원스레 이루어지기 힘든 구조이기 때문에 가습이 오히려 곰팡이나 집먼지 진드기가 생육하기 좋은 환경을 만든다. 또 내부의 마감재와 가구에서 발산되는 유해물질로 실내공기 오염은 더욱 가중되고 만다.

최근 늘어만 가는 초고층 아파트는 안전 문제 때문에 완전히 인공 환기 시스템만으로 환기하거나 틸트형 창호를 설치하기도 한다. 그런데 도심에서는 고층으로 갈수록 배기가스로 인한 공기오염도가 높아서 환기조건이 불리하고, 실내공기 오염도 또한 저층보다 높다. 그래서인지 5층 이하의 저층에 사는 사람보다 고층에 사는 사람들이 2배 이상 호흡기 질환과 소화기 질환이 많으며 스트레스에 시달린다는 연구 조사도 있었다.

실제로 국립환경과학원의 조사 결과 9층 이상 고층에서는 새집증후군의 원인 물질인 폼알데하이드● 농도가 157㎍/m³으로, 4층 이하 저층보다 20㎍/m³ 이상 높게 검출됐고 벤젠과 톨루엔 등 휘발성유기화합물●의 농도 역시 고층이 저층보다 높은 것으로 나타났다.

고층아파트의 공기 오염 문제는 실제로 거주자에게 치명적인 건강 문제를 야기한다. 어지러움이나 메스꺼움, 손발 저림과 눈, 코의 따가움과 가려움증, 복통과 현기증 따위 질환이 그렇고, 지상으로부터 멀리 떨어진 데서 오는 여러 가지 불안 심리가 요인이라는 연구도 있었다. 또 아파트의 고층이 소방사다리차의 영향력 밖에 있어 화재 시 큰 인명피해로 이어질 수 있다는 사실을 간과해서도 안 된다.

화려한 마감재와 고품격 시공 설계로 현대인의 신

폼알데하이드

자극성 냄새를 갖는 가연성 무색 기체로 살균제나 방부제로 사용된다. 피혁제조나 사진건판, 폭약 등의 제조에도 이용되며, 합성수지 제조 등 공업용으로 널리 사용된다. 특히, 건축 자재에서 발생된 폼알데하이드는 건축 자재의 수명, 실내온도 및 습도 그리고 환기율에 따라 그 방출량이 영향을 받으며, 일반적으로 4년 넘게 방출하는 것으로 추정한다. 폼알데하이드가 인체에 미치는 영향으로는 눈, 코, 목 등의 자극 증상이 있으며, 동물 실험에서는 발암성이 있는 것으로 나타났다.

휘발성유기화합물

휘발성유기화합물(VOCs)은 대기 중 상온(20℃)에서 가스형태로 존재하기 때문에 호흡을 통해 인체에 들어온다. 대표적으로 톨루엔, 자일렌, 벤젠, 플로로포름, 아세톤 등이 있고 밝혀진 숫자만도 수백 종에 달한다. 벤젠 등의 일부 물질은 인체에 암을 유발하는 원인이 된다.

망이 된 아파트, 그렇지만 때깔 좋은 아파트 이면에 가려진 진면목에 대해 숙고해 보아야 한다. 이제 집은 주거의 수단으로 재산가치 기준으로만 잣대를 삼을 수 없다. 적어도 집은 사람과 자연이 어우러진 자연 속의 일부로 남아야 한다. 지구에 유익하고, 주변 환경과 친숙하며 건강하고 쾌적한, 사람을 죽이는 집이 아닌 사람을 살리는 집이어야 한다.

▷ 독소에 포위된 현대인

1980년대, 고도의 단열 밀폐 빌딩에서 장시간 근무하는 사람들에게 나타나는 병증을 뜻하는 '빌딩증후군'이 미국에서 처음 알려졌다. 그 후 건축 자재와 사무기기, 가구 등 각종 석유 화학제품에서 발생하는 유해물질들이 단열 밀폐 공간의 환기부족과 맞물려 두통, 현기증, 메스꺼움, 졸음, 눈 자극, 재채기, 코막힘, 피로, 집중력 감소와 같은 건강 이상을 일으키는 병증이 사회 문제가 되었다. 우리나라에서도 몇 년 전 '새집증후군(Sick house syndrome)'이라는 낯선 병이 텔레비전을 통해 소개되었다. 새로 지은 집이나 아파트, 리모델링한 주택에서 오래된 집보다 세 배가 넘는 유독가스가 배출된다는 사실이 알려진 것이다.

실내의 유해물질이나 유독가스로 실내공기는 바깥 공기보다 2~10배나 오염되어 있다. 이 오염된 실내공기가 우리를 병들게 하는 주범이다. 대표적인 실내 유해 성분으로는 초 휘발성유기화합물인 폼알데하이드와 그 외 휘발성유기화합물, 연소가스, 전자파 등이 있다.

특히 실내공기 오염의 1급 범인이라 할 수 있는 폼알데하이드는 새집증후군의 주범이기도 하다. 폼알데하이드는 자극적인 냄새가 나는 무색의 가연성 기체인데, 우리가 알고 있는 포르말린이 바로 폼알데하이드를 물에 녹인 용액이다. 포르말린은 주로 방부제로 사용되고 30~50배 희석하여 살균제나 소독제, 동물표본 보존재로 사용하는 독성 물질이다. 폼알데하이드는 다른 물질과 잘 결합하는 특성이 있어서 바닥재나 벽지, 가구 등의 접착제에 많이 사용되는데 고농도일 경우에는 발암성이 우려되는 물질이기도 하다.

휘발성유기화합물이란 탄소(C)와 수소(H)를 포함하고 있는 유기화합물로 대기 중에 쉽게 증발하여 가스 상태로 존재한다. 톨루엔, 자일렌(크실렌), 벤젠, 클로로폼(chloroform), 아세톤 등 흔히 들어본 물질들로 종류만도 수백 가지나 된다. 주로 인쇄, 도장, 유기합성 공업과 석유정제 공업 등에 사용되는 용제류•에 함유되어 있어 모든 일상용품에서 발견할 수 있다.

흔히 새집엔 시멘트 독이 있다고 한다. 시멘트는 자체만으로도 pH 12.5 이상의 강알칼리 성분이다. 시멘트 독은 콘크리트가 건조되는 과정에서 나오는 암모니아 가스 및 석회가 골재에 함유된 유기물과 반응해서 발생하는 가스이다. 이런 가스는 눈과 호흡기에 상처를 주고, 폐까지 부식시킬 정도로 독성이 강하다. 미장일을 하는 사람들에게는 직업병이라 할 정도로 흔한 병증이기도 하다. 피부의 반점과 소소한 두드러기부터 화상처럼 피부가 벗겨져 짓무르기까지 양상이 다양하다. 그뿐만 아니라 완전히 건조되지 않은 콘크리트에서 발산되는 라돈•은 폐암을 유발하는 방

용제류
탄소와 수소를 가지고 화학약품을 녹이는 액체.

사성 물질로 석면과 함께 1급 발암물질로 규정되어 있다.

그 밖에 눈에는 보이지 않는 미세먼지도 우리를 둘러싸고 있는 독소 중 하나이다. 미세먼지는 인체에 영향을 끼치는 여러 중금속을 함유하고 있어 문제가 된다. 자동차의 매연은 물론이고 굴뚝의 연기, 채석장이나 시멘트공장 또는 공사장의 먼지, 쓰레기 소각 때 발생하는 연기와 재, 일상생활의 먼지, 진드기나 박테리아, 바이러스, 꽃가루같이 일상적으로 접하는 먼지들도 위협적인 환경 요소들이다.

연세대 의대 예방의학연구팀이 2002년부터 2008년까지 7년간 국내에서 심·뇌혈관 질환으로 숨진 16만 273명을 대상으로 이들이 사망하기 이틀 전의 미세먼지 농도를 알아본 결과, 미세먼지 농도가 25%씩 증가할 때마다 뇌졸중 사망자가 1.2%씩 늘어났다고 한다. 연구팀은 미세먼지로 뇌졸중 사망자가 늘어나는 이유는 미세먼지가 혈액에 들어가 뇌혈관 벽에 쌓이면 염증과 혈전이 생겨서 뇌졸중을 유발하고, 먼지가 폐로 들어가면 온몸에 염증 반응이 일어나 뇌졸중 상태가 악화하기 때문이라고 했다.

미국 암학회의 발표로는 연평균 미세먼지 농도가 12.8㎍/m³ 이상인 지역의 경우 호흡기계 질환으로 인한 사망이 1.67~2.2% 범위로 증가하며, m³당 초미세먼지가 10㎍ 증가할 때마다 전체 사망률은 7%, 심혈관·호흡기 질환 사망률은 12% 높아진다고 한다.

세계보건기구(WTO)는 현재 지구상에 발병하는 질병의 24%, 사망의 25%가 환경성 질환이라는 보고서를

라돈

지각 중의 토양, 모래, 암석, 광물질 및 이들을 재료로 하는 건축 자재 등에 미량 함유되어 있으며 우라늄 붕괴 계열 중 유일하게 무색, 무미, 무취한 가스 상의 물질이다. 라돈 가스는 물질 내외의 압력과 온도 차에 의한 확산 및 대류 과정에 의하여 지상 또는 실내 환경으로 방출된다.

냈다. 환경성 질환은 산업사회 이후 축적되어온 현대병의 산물일 터인데 그것이 세계인의 질병과 사망에서 이토록 큰 비중을 차지하게 된 이유는 환경 문제가 한 지역, 한 국가만의 문제로 그치지 않기 때문이다. 과거 영국에서 날아간 오염 공기가 북유럽을 강타하고, 지금 황사와 오염물질이 섞인 중국 미세먼지가 우리나라를 괴롭히듯 말이다.

세계자연보호기금(WWF: World Wide Fund for Nature)이 유럽연합의 환경 및 건강 장관 12명의 혈액을 분석한 결과 개인당 평균 37가지의 화학물질이 잠재되어 있었다고 할 만큼 환경오염에 따른 인체 오염은 국경과 지위를 초월한다.

또한, 가장 안전하다고 생각했던 모유조차 전혀 사정이 다르지 않다는 것도 이미 밝혀진 사실이다. 모유 속의 지방과 결합하여 분비됨으로써 유아에게 큰 영향을 주는 폴리염화바이페닐•이 바로 그런 예다. 물에 잘 녹지 않으면서 지방에는 친화성인 폴리염화바이페닐이 먹이 연쇄를 거쳐 인체 내에서 농축되어 축적되는 것이다. 수유부의 몸은 모유를 만들기 위해 자신이 축적하고 있던 체내 지방을 이용하는데 수유부의 체내 지방이 폴리염화바이페닐이나 그동안 음식이나 호흡, 피부를 통해 흡수 축적되던 유독성 화학물질을 고스란히 모유 속에 녹여내는 것이다.

이 같은 진실은 1976년 미국 환경보호청이 전국에서 수검된 모유의 99% 이상에서 상당한 농도의 DDT(디클로로디페닐 트리클로로에탄)와 폴리염화바이페닐을 발견하면서 확인되었다. 1981년 미시간 주에

폴리염화바이페닐

물에 녹지 않고 유기용매에 용해도가 좋으며 산과 알칼리에도 안정적이지만, 토양과 해수에 오래 잔류하며, 인체에 들어갔을 때 간장과 피부에 해를 입혀 사용 및 제조가 금지되었다.

서 1천 명 이상의 수유부를 대상으로 한 폴리염화바이페닐 검사에서는 극미량으로도 실험용 동물들에게 선천성 기형과 암을 유발할 정도로 독성 강한 이물질이 모든 모유에서 검출되었다.

일반인의 혈액과 소변, 피부조직에서도 농업과 산업 분야 소비자 제품에 사용하는 다양한 독성 화학물질이 발견되었다. 20%가 넘는 환경성 질환과 그로 인한 사망 수치는 현대인이 얼마나 독소에 무방비로 노출되어 있는지를 보여주는 반증이다. 생의 전반에 걸쳐 독소에 포위되어 살아가는 것이 지금 우리의 실태인 것이다.

주택 실내공기 유해물질 오염 심각

아파트엔 새집증후군 물질, 연립엔 박테리아 많아

출처: 한국일보, 2013. 4. 22.

22일 서울연구원이 최근 공개한 '서울시 주택의 실내공기질 개선 방안' 보고서에 따르면 실내공기 중 새집증후군의 원인 물질인 폼알데하이드와 톨루엔, 총휘발성유기화합물(TVOC)의 농도가 실외공기에 비해 4~14배 높은 것으로 분석됐다. 부유 세균(박테리아) 농도도 실외공기에 비해 7~15배 높았다. 특히 폼알데하이드·TVOC·박테리아의 농도는 환경부가 정한 실내공기질 권고기준 등을 초과하는 수치인데, 관련 기준이 대부분의 일반 주택에는 적용되지 않고 있어 제도적 보완이 필요하다고 서울연구원은 지적했다.

주택 실내공기 오염물질 농도는 주택유형별로 큰 차이를 보였다. 건축자재에서 주로 발생하는 폼알데하이드 농도는 상대적으로 지은 지 얼마 안 된 아파트가 130㎍/㎥로 가장 높았다. 반면 부유미생물은 상대적으로 건축연식이 오래된 양식에서 농도가 높게 나왔는데, 박테리아는 다세대·연립이 1,970 CFU/㎥로 가장 많았고, 곰팡이는 단독주택이 932 CFU/㎥로 농도가 가장 높았다. 집먼지 진드기는 침대 사용이 많은 아파트에서 상대적으로 높게 도출됐다. 이산화탄소는 아파트를 제외한 모든 주택유형에서 환경부 기준을 초과했다. 특히 층수별로 봤을 때 반지하·지하 층의 경우 폼알데하이드를 제외한 대부분의 오염물질 농도가 환경부 권고기준을 크게 초과하는 것으로 나타났는데, TVOC는 1,208㎍/㎥, 박테리아는 1,859 CFU/㎥를 기록했다.

▷ 옛집의 지혜를 담은 미래의 집

현재 우리는 숱한 기술과 지식을 가지고 있지만, 이 시대가 요구하는 건강한 주택의 전형을 찾아내지는 못했다.

최근 자연과 건강에 대한 관심은 생활 전반에 새로운 움직임을 불어넣었다. 식생활 및 여가생활의 변화와 더불어 주거문화에도 변화가 일기 시작한 것이다. 지나치게 과학의 발달을 과신하여 오만을 저지른 결과 빚어진 재앙들이 인간을 철들게 했는지도 모른다.

주택의 콘셉트에도 최첨단 기술과 함께 자연과 공존하려는 노력을 반영하고 있다. 친환경 주택의 효시는 1970년대 독일을 중심으로 시작된 생태건축이 대표적이다. 그 후 대안 건축이나 녹색 건축, 그린 빌딩, 환경공생주택 등 다양한 방식으로 확대됐다. 이는 인간도 생태계 일부라는 인식에서 출발하여 건축 또한 생태적 순환원리를 따르려는 노력의 결과물로, 기존 건물의 지구환경 문제와 삶의 질을 함께 고려한 시도로써 환영받을 만하다.

이제는 저공해, 저에너지, 저소비, 재활용의 가치가 새로운 주목을 받고 있다. 유해물질 저감용 친환경 마감재나 환기시스템, 보안설비 등은 최첨단 과학으로 무장하는 반면 생태조경을 통한 자연 친화적 디자인이라든가 건강과 여가를 위한 시설은 더욱 확대하고, 실내외 조경에도 녹지를 늘이고 있다. 유비쿼터스 주택*이나 인텔리전트 에코시스템 주택*, 3ℓ 하우스* 등이 대표적인 미래 주택으로 선보인 바 있다. 이 주

유비쿼터스 주택

인간과 교감하고 소통하는 사용자 맞춤의 홈 네트워크 시스템으로 운영되는 첨단 미래주택.

에코시스템 주택

최첨단 자연에너지 시스템과 각종 친환경 생활 편익시설이 융합된 인간 중심의 미래지향적 주택.

3ℓ 하우스

3ℓ 하우스 '더 적은 에너지로 더 쾌적하게'를 가치로 최첨단 과학기술로 실현한 미래주택. 3ℓ 하우스의 연료로 1년을 살 수 있다고 해서 붙여진 이름.

택들은 설비비 현실화가 실현되면 더 이상 미래형이 아닌 현실의 주택으로 자리 잡을 것이다.

우리는 이제 비로소 자본의 논리만으로는 행복도 건강도 좋은 삶의 질도 보장받을 수 없다는 사실에 눈뜨기 시작했다. 그렇다면 앞으로 우리가 살아가고 우리의 아이들이 살아갈 미래형 주택이란 어떤 모습이어야 할까?

그런 모색에 우리의 옛집이 알맞은 대답이 되어줄 수 있으리라 기대해 본다. 우리나라 자연환경에 꼭 알맞은, 자연과 잘 어우러져 거스름이 없던 옛집이야말로 오늘날 우리에게 시사해주는 바가 크다. 동선의 비효율성과 외풍의 유입이나 불편한 구조 등 단점들을 현대적으로 보완하고, 한옥에 숨은 과학 원리를 활용한다면 21세기 새로운 주거문화의 지표가 될 지혜를 얻을 수 있을 것이다.

얼마 전 개장한 한옥 호텔이 그 아름다움과 실용성으로 세간의 관심을 끌었듯이 한옥과 옛 정원의 동양적 아름다움을 살린 주택은 충분히 잠재력을 지닌 미래의 주거 문화로 자리매김할 수 있을 것이다.

예를 들어 양옥을 한옥의 이미지로 개보수하여 채 나눔의 형식과 툇마루나 대청, 안마당 등의 여유 공간을 현대적으로 도입할 수도 있다. 이런 공간은 특히나 옛사람들의 지혜와 여유가 묻어나는 공간이다.

백토와 기단의 돌을 이용해 마당에 충분한 빛을 끌어들이고 그 반사 빛은 다시 처마와 종이 창호를 통해 걸러지며 내부에 일정한 조도를 제공하여 시야를 어지럽히지 않았듯, 적절한 공간에 부분적으로 종이창호를 활용한다면, 숨 쉬는 공기와 은은한 빛을 즐길 수 있을 것이다.

툇마루와 대청은 내부와 외부의 경계를 허물며 방과 맞물려 서로의 영역으로 침투하는 공간이다. 이런 공간을 대신하여 베란다로 안팎을 연결하는 쉼터를 꾸며도 훌륭하리라. 여름이면 번쩍 들어 올려 공간을 통합해버리는 한옥 대청의 분합문은 가벽의 선두주자라고 해야 할까? 미적으로나 실용적으로나 현대주택에도 적용해 볼 만한 아이템이 아닌가.

대청과 방 안 천장이 기 순환의 원리에 따라 가장 적절한 평균 키의 2배와 1.5배로 지어진 이유는 대청은 방과 달리 입식 공간이기 때문에 환기와 통풍을 고려한 것이다. 한 집 안에서 천장의 높낮이를 다르게 하여 공기의 흐름을 주는 지혜도 살려볼 만하다. 천장의 서까래나 대들보가 굴곡진 통나무의 자태를 아름답게 드러냈던 운치 또한 얼마나 효과적인 인테리어인가. 또한, 삼복더위와 한파가 공존하는 우리나라에서 대청과 온돌은 그것들을 아우르는 슬기로움이다. 이 모든 것이 현대주택에 고스란히 적용되거나, 적용할 수 있는 과학인 것이다.

이미 현대 과학에서도 그 우수함이 입증된 황토를 마감재에 사용해도 좋다. 온습도의 조절에 유리하고 생체 세포를 활성화시켜주는 건강한 마감재인 데다 특히 시멘트 독 제거에 효과적이라니 황토를 십분 활용해 볼 일이다. 근래에는 실제로 황토집도 많이 짓지만 비용절감 면에서 철근과 콘크리트의 뼈대 위에 벽 마감과 바닥 등에만 황토를 이용하는 경우도 많다. 게다가 기존의 아파트와 같은 현대 주택에서 손쉽게 적용할 수 있는 황토 타일은 황토의 우수한 기능과 더불어 타일 형태로 시공이 간편한 편리성을 동시에 만족하게 한다.

한옥을 양옥으로 개보수할 때는 한옥의 뼈대를 유지하면서 용도에 따라 공간을 재배치하고 다듬어 전통미와 현대적 아름다움의 조화를 최대치로 끌어올릴 수 있다.

한옥의 트인 공간이 주는 공간미와 멋있고 운치 있는 개별소재들의 독특한 아름다움은 살리고, 현대적인 시설이나 소재들이 주는 이질적 묘미까지 아우른다면 그 또한 옛집의 지혜를 살린 미래 주택으로 모자람이 없을 것이다.

앞으로 집은 더욱 인간과 환경, 에너지, 그리고 건강을 생각하는 방향으로 진화해 가고 과학은 주거문화에서 어떻게 인공 시설물 속에 자연을 접목하고 끌어들일 것인가를 화두로 삼게 될 것이다. 우리의 옛집이 가진 과학의 원리를 현대 과학으로 재탄생시키고 응용해 간다면 옛집의 지혜를 담은 첨단 미래주택을 볼 날도 그리 멀지만은 않을 것이다.

친환경 주택의 사례

❶ '패시브 하우스' 개념의 한옥

"수동적인(passive) 집"이라는 뜻. 패시브 하우스 개념의 집은 실내, 실외에 특정 시설과 설비의 도움 없이도 집 안의 열을 일정 수준으로 유지함으로써 화석연료의 사용을 최소화하면서 삶의 능동성과 쾌적성을 부여하는 집이다. 전통적인 한옥의 건축 방식과 현대적 요소들을 결합시켜 새로운 형태의 한옥으로 재창조하였다.

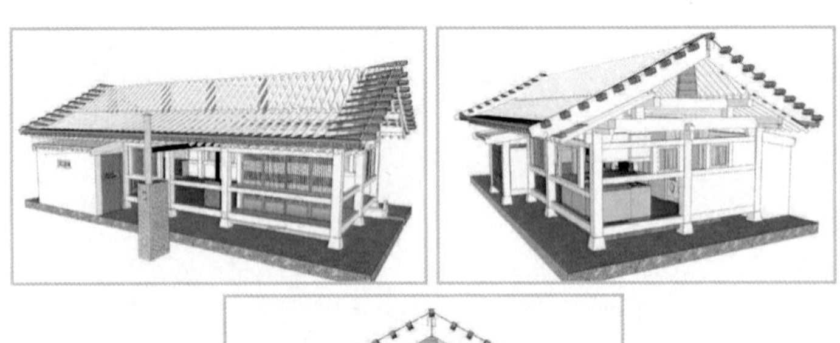

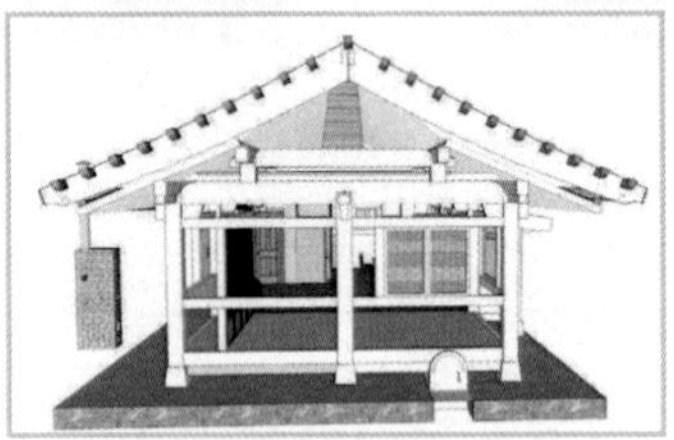

출처: 패시브 한옥 공식 홈페이지 – www.패시브한옥.com

❷ 황토집

황토집과 한옥, 천연 삼베 장판, 천연 인테리어, 친환경 리모델링을 전문으로 하는 천연 건축 업체도 있다. 또한, 기존의 집을 친환경적으로 개선하는 황토 타일이 좋은 대안이 되고 있다. 황토 타일은 일반 벽에 쉽게 실리콘을 이용해 붙일 수 있어 시공성이 용이하다. 향균, 탈취 효과가 있으며 유해성분을 지속해서 흡수함으로써 새집증후군의 후유증 제거에 도움을 준다. 그뿐만 아니라, 원적외선 및 음이온을 다량 방출하여 청정한 실내를 유지해 주어, 아토피, 알레르기 비염 등의 예방 효과도 기대할 수 있다.

황토는 음이온 방출을 하는데 세포의 신진대사를 촉진하고 활력을 증진하며, 피를 맑게 하고 신경안정과 피로회복, 식욕 증진 등에 효과가 있다. 방출되는 원적외선은 각종 질병의 원인이 되는 세균을 없애주고, 모세혈관을 확장해 혈액순환과 세포 생성에 도움을 주며 세포 조직을 활성화함으로써 노화방지, 신진대사 촉진, 만성피로 등의 성인병 예방에도 좋다. 또한, 투습기능이 우수하여 항상 적정한 습도를 유지함으로써 여름철 고습도로 인한 불쾌지수의 상승을 막아주고, 겨울철 난방으로 인한 건조함을 방지한다. 또한, 뛰어난 탈취(흡수분해) 효과는 항상 실내를 쾌적하게 유지시켜 준다.

출처: www.wharim.net

❸ 제로 에너지 주택

태양열, 태양광을 이용한 제로 에너지 주택으로 에너지 제로, 탄소배출 제로의 개념인 집이다.

출처: 공식 홈페이지 www.ghdujon.co.kr

❹ 흙 두레 건축

예부터 우리 조상들은 집을 지을 때 동네 사람들이 함께 모여 서로서로 도와가면서 집을 지었다. 이는 공동체 정신을 이은 가장 효과적인 집짓기 방식이며 흙으로 벽돌을 만들고 목조로 골조를 만들어 모든 재료가 자연과 어우러지게 만든 주택이다.

출처: 공식 홈페이지 www.ecovillage.or.kr

우리 집은 안전하다?

▷ 오염물질 수치, 실내가 천 배 더 높아

하루 중 90% 이상의 시간을 실내에서 보내는 현대인에게 실내공기의 질은 건강과 직결되는 문제이다.

지구를 감싼 대기층의 최상층 부분에 존재하는 질소, 산소, 아르곤 등의 혼합기체는 우리가 일반적으로 말하는 공기의 정체다. 청정공기란 질소 78%, 산소 21%, 아르곤 1%, 이산화탄소 0.03%와 그 밖의 미량 가스로 이루어진, 인간의 건강에 무해한 공기를 말한다.

대도시에서는 배기가스로 오염된 실외 공기가 유입되고, 건물에서 배출한 난방 가스가 재유입 되며, 비산먼지, 황사 등이 유입되어 실내공기의 오염을 가중시킨다.

바깥의 대기는 오염이 되어도 자정 작용을 통해 정화되므로 대기오염 농도는 대부분 실내공기 오염 농도보다 낮다. 또 실외에서는 온도나 압력 차에 의해 생기는 기류, 즉 바람 때문에 지상의 공기성분은 늘 평형을 유지한다. 그러나 실내공기는 정체되어 있어 성분들의 분포가 다를 수밖에 없다. 또한, 대기처럼 자연적인 희석률이 높지 않기 때문에 실내에서 오염된 공기가 계속 순환한다. 실내공기 오염 농도는 보통 실외공기 오염 농도의 10배 정도라고 한다.

세계보건기구(WHO)는 실외보다 실내 오염물질이 폐에 전달될 확률이 약 1천 배 높다고 추정했다. 사람이 실내에 머무는 시간이 길고 밀폐된 공간이라는 점에서 오염물질이 집중적으로 몸에 영향을 주고, 폐에 전달되는 과정이 짧기 때문이다. 특히 집 안의 약 50~70㎛ 머리카락 굵기의 최대 1/7~1/8 정도로 작은 미세먼지가 심각한데, 미세먼지는 황산염, 탄소 등 유해물질이 포함돼 있을 뿐 아니라, 인체의 폐나 뇌까지도 침투한다. 참고로 일반 가정은 약 10㎍/㎥ 수준의 미세먼지 수준이 기준이다.

미국 환경보호청(EPA: United States Environmental Protection Agency)은 실내공기 오염의 심각성과 인체 위해성에 대한 사람들의 무관심을 경고하면서, 실내공기 오염은 가장 시급히 처리해야 할 환경문제 중 하나라고 발표하였다. 그뿐만 아니라, 세계보건기구(WHO)는 대기오염에 의한 사망자 수가 연간 최대 600만 명이며, 실내공기 오염에 의한 사망자는 280만 명에 이른다는 조사 결과와 실내공기 관리가 왜 중요한지 덧붙여 강조하고 있다.

우리나라에서도 100만 명 이상으로 추산되는 아토피성 피부염 환자나 초등생 천식 환자의 10% 안팎이 실내공기 오염과 관련이 있을 것으로 추정하고 있다. 게다가 '실내 오염물질을 20%만 줄여도 급성기관지염 같은 호흡기 질환으로 인한 사망률이 최소한 4~8% 줄어들 것'이라는 세계보건기구의 발표를 보더라도 실내 오염물질이 인체에 미치는 심각성을 짐작할 수 있다.

결국, 대기오염 가득한 바깥보다 쾌적한 집 안이 안전할 것이라는 막연한 추측은 오산에 불과하다. 거주자의 건강에 가장 영향이 크다는 공기 오염 문제에 관한 한 집 안이 안전하다고 장담할 처지가 못 된다는 뜻이다. 게다가 집 안에 머무르는 시간이 많은 주부나 노약자의 경우, 집은 그들을 보호하기보다 그들의 건강을 위협하고 있다.

▷ 사람을 아프게 하는 집

사람이 만든 집이 역습을 시작했다. 사람을 공격하여 아프게 하는 집이 바로 우리가 사는 집이다.

실내에서 발생하는 오염물질로는 미세먼지(PM10), 중금속(Heavy metal), 석면(Asbestos) 등과 물질의 연소 과정에서 주로 발생하는 일산화탄소(CO), 이산화질소(NO^2) 아황산가스(SO^2), 그리고 사람의 호흡에 의한 이산화탄소(CO^2), 건축 자재에서 많이 발생하는 휘발성유기화합물(VOCs), 폼알데하이드, 라돈(Rn), 악취 등이 있다. 그 외 실내공기 중에 부유하는 부유세균과 낙하세균 등 병원성 세균(Microbe)이 있다.

새집증후군은 집이나 건물을 새로 지을 때 사용하는 건축 자재나 벽지 등에서 나오는 유해물질로 인해 발생하는 건강상 문제 및 불쾌감을 이르는 용어이다. 물론 집에서 발산되는 유해물질의 피해가 새집일수록 심각한 만큼 새집증후군이라는 병이 등장하였다. 새집증후군은 새로 이사 간 집에서 이유 없이 온몸에 붉은 반점이 나고 아토피성 피부염, 비염, 두드러기, 천식 등 각종 질병에 시달리는 증상을 말한다. 그러나 심한 경우 화학물질과민증(MCS)으로 발전하기도 한다.

1980년대 미국 예일대 마크 컬렌 교수가 처음 발견한 화학물질과민증 환자는 샴푸나 세제, 책의 잉크 냄새만 맡아도 두드러기, 구토, 손 떨림 등의 이상 증상을 보였다. 결국, 어떠한 화학물질에 대해서 과민하게 몸에서 거부 반응을 일으켜 사회생활마저 못 하게 만드는 질병이다. 더욱 심각한 것은 화학물질증후군은 일단 발병하면 완치가 거의 불가능하다는 점이다. 미국의 경우 전 인구의 15% 정도가 화학물질에 노출되어 있고, 화학물질과민증 전문클리닉에서 치료를 받는 환자들도 늘고 있다. 우리나라도 새집증후군이 사회문제가 되면서 새집증후군 클리닉이 등장했다.

일반적으로 새집이나 인테리어에 사용한 여러 자재의 화학물질로 인해 휘발성유기화합물이 배출된다. 여기에는 벤젠, 톨루엔, 클로로폼, 아세톤, 폼알데하이드 등의 발암물질이 포함되어 있다. 또 집을 지을 때 발생한 라돈, 석면, 일산화탄소, 이산화탄소, 질소산화물, 오존, 미세먼지, 부유 세균과 같은 오염물질도 있다. 사람이 이러한 오염에 짧은 기간 노출이 되면 두통, 눈, 코, 목의 자극, 기침, 가려움증, 현기증, 피로감, 집중력 저하 등의 증상이 생길 수 있다. 오랜 기간 노출이 되면 호흡기질환, 심장병, 암과 같은 심각한 질병으로 발전될 수도 있다는 사실을 명심해야 한다.

① 카펫 곰팡이, 음식냄새 → 호흡기 질환
② 바닥재의 방부제 → 눈을 자극하고 생식기능 저하
③ 방향제의 메틸알코올, 이소프로판올 → 두통, 어지럼증
④ 벽지, 장판의 폼알데하이드 → 피부질환, 중추신경 장애, 호흡기 장애
⑤ 주방의 프로판 가스 → 기관지 점막에 손상을 주고 우울증, 아토피 유발
⑥ 가구의 접착제와 방부제의 폼알데하이드 → 눈을 자극하고 두통과 현기증, 천식

흔히들 알고 있는 새집증후군 외에도 낡은 배관 때문에 나오는 암모니아와 같은 유해가스와 누수나 습기로 인한 곰팡이 등 오래된 집의 헌집증후군이 있다. 이밖에 바이러스와 같은 세균, 진드기, 애완동물 등 생물도 실내공기를 오염시킬 수 있다.

집 유해 독소가 인체에 미치는 영향 〈오염물질별 건강 영향〉

오염물질	건강 영향
휘발성유기화합물 (벤젠, 톨루엔, 자일렌, 스타이렌, 에틸벤젠 등)	– 인체 발암성 확인 물질(벤젠) – 호흡곤란, 피로감, 두통, 구토 현기증 – 신장, 폐, 간에 건강 이상 유발 – 중추신경 제동 억제 및 신경 이상, 정신착란 – 혈액계 및 면역계 이상 유발 – 알레르기 증상 악화 가능
톨루엔	– 호흡기도, 피부, 눈에 자극 – 두통, 현기증, 피로, 평형 장애 – 중추신경계통 억제 및 신경 이상 등의 건강 영향 – 고농도 노출 시 마비상태, 의식상실, 사망
폼알데하이드	– 인체발암 유발물질 – 흡입 시 눈, 코, 목 등에 자극 증상, 알레르기 반응, 호흡곤란, 천식 두통 등의 건강 영향 유발 – 호흡기계 이상, 피부 질환 및 알레르기 증상 악화 가능 – 대표적인 새집증후군 유발 물질

출처: 국회 전자도서관 – 새집증후군 주의! 일부 실내 건축 자재, 오염물질 기준치 초과 / 국립환경과학원, 환경부 [편]

2부

우리 집 독소의 가면을 벗겨라

인간 생존의 '3·3·3 법칙'이라는 것이 있다. 음식 없이 3주, 물 없이 3일, 공기 없이는 3분을 버티기 힘들다는 것이다. 단 3분 동안 마시지 못하면 생명을 잃는 그토록 중요한 공기는 실내생활이 많은 현대인에게 어떤 영향을 주는 걸까.

현대인이 하루 중 실내에서 생활하는 시간은 90%에 이른다고 한다. 차량 내에서 보내는 시간 5%까지 합하면 하루 중 실외에서 보내는 비율은 고작 5%에 지나지 않는다. 여기에 바로 실내공기의 질이 중요한 이유가 있다. 실내공기의 오염 여부는 '건강한 삶'을 유지할 기본 척도라 해도 과장이 아니다.

실내공기 오염물질은 실내 환경, 인간의 활동, 외부 공기의 유입 등 매우 다양하게 발생하고 실내오염물질의 종류 및 그 농도도 개별 시설의 특성에 따라 다양한 양상을 보이고 있다. 일반적으로 가스레인지, 난방기구와 같은 생활용품에서는 이산화질소와 일산화탄소, 건축 자재에서는 폼알데하이드, 휘발성유기화합물 등이 발생하며, 인간 활동에서는 미세먼지, 담배 연기 등이 주로 발생한다. 결국, 인간생활에서 발생하는 오염물질을 감안한다면 실내건축 자재나 인테리어 등에서 방출되는 위해요소를 줄이거나 근원적으로 차단하려는 노력과 주의가 필요하다.

한 조사에 의하면 갓난아기가 가장 많이 접하는 오염물질이 집먼지라고 한다. 현재 우리가 사는 집에는 각종 연소가스와 휘발성 유기화합물, 발암물질, 유독물질이 상존하고 있다. 또한, 오염된 땅에서 검출되는 납이 100ppm인데 집에서 검출되는 납의 양은 무려 1,000ppm이라 하니 집 안의 중금속 오염도 심상치 않아 보인다.

유독성 화학물질이 우리 몸에 침투하면 체외로 빠져나가지 않고 잔류하며 지속해서 심각한 문제를 일으킨다. 산업화의 바쁜 발걸음 때문에 전혀 생각지 못했던 화학물질의 역습이라는 복병에 이제야 뒤통수를 맞는 셈이다. 개발과 편리만이 전부인 줄 알았던 우리 스스로 자초한 과오일 수밖에 없다. 자연을 거스르며 더 빠르고 더 편리하게 개발되어가는 모든 것은 우리가 치러야 할 응분의 대가를 담보로 한다는 사실을 알았다.

이제는 최선을 다해 삶을 자연의 상태로 되돌리려는 노력이 필요하다. 이미 실내에 깊숙이 침입한 셀 수 없이 많은 화학물질을 가능한 한 우리의 삶에서 걸러내야 할 때이다. 그래야 비로소 우리 폐 속까지 침투한 유해물질을 제거하고 삶을 지킬 수 있다. 결코 후대의 삶과 건강까지 볼모로 잡힐 수는 없다.

이미 현대인의 삶에 깊숙이 자리한 화학물질로부터 완전히 자유로울 수는 없을지라도 당장 우리 집 안의 독소가 무엇이고, 어디에 숨어 있는지 제대로 아는 것부터 시작해보자.

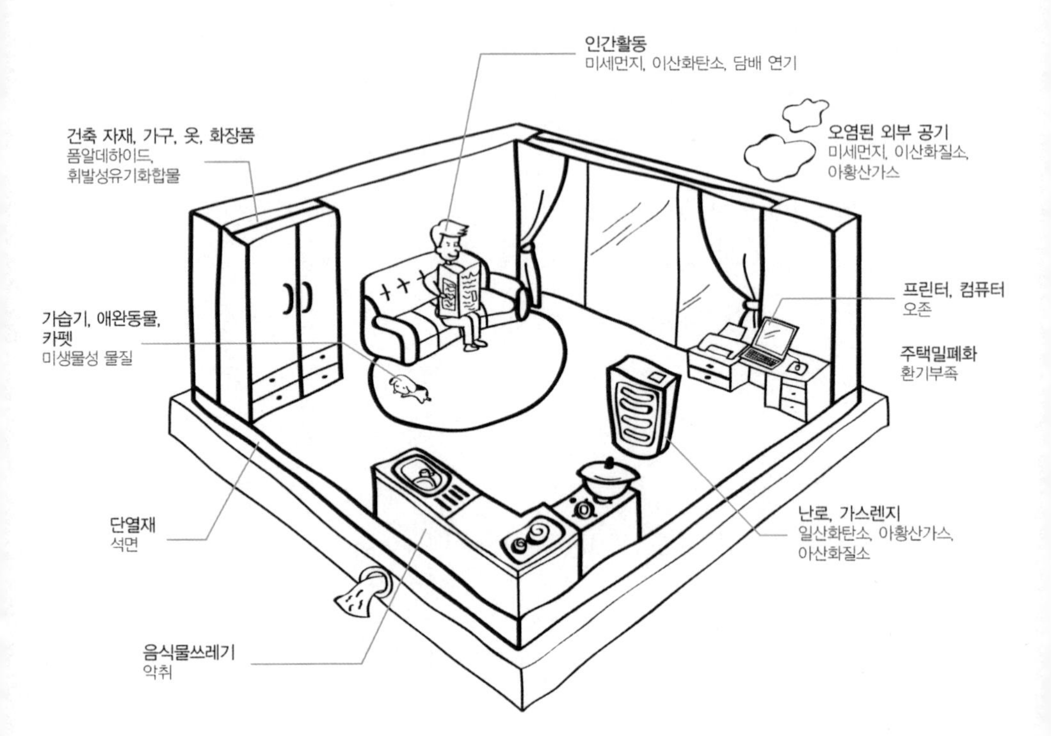

우리 집 숨은 독소 찾아내기

실내 오염의 발생원으로는 〈그림〉에서와 같이 연소과정, 실내에서의 흡연, 오염된 외부 공기의 실내 유입 등이 있으며, 최근에는 신축 아파트 건축물의 밀폐화와 단열화를 위해 사용하는 내장재와 바닥의 소음 저감을 위해 사용하는 건축 자재와 카펫으로부터 수많은 유해화학물질이 발생하고 있다.

건축물의 유지와 관리 등 일련의 과정에 사용하는 방향제, 목재 보존재, 왁스 등도 실내 오염의 중요한 발생원이다. 이러한 실내오염물질은 사람들의 호흡기와 순환기에 영향을 미치며, 특히 휘발성유기화합물(VOCs) 중의 벤젠, 톨루엔, 자일렌 등의 일부 물질은 발암성을 내포하고 있다.

CHAPTER 01

건축 마감재와 가구

아름다운 실크 벽지의 두 얼굴

▷ 벽에서 뿜어나오는 독소

집 안 인테리어에서 실내 분위기를 가장 크게 좌우하는 요소는 단연 벽지이다. 한 번의 도배로 몇 년간의 집 안 분위기가 결정되고, 실내 마감재 중 가장 많은 부분을 차지하는 것도 벽지이다. 그렇기 때문에 재료와 공법에 따라 실내공기에 미치는 영향도 크다.

벽지의 원조라면 역시 다양한 무늬와 색상을 인쇄한 종이 벽지가 저렴하고 시공도 간편한 대중적인 벽지로 꼽힌다. 하지만 잘 찢어지고 미장할 때 벽면이 매끄럽지 못할 경우 비치는 단점이 있어, 지금은 종이 표면에 엠보싱 같은 특수처리방법으로 독특한 질감을 표현하고 단점을 보완한 벽지들이 많이 나와 있다.

종이 벽지 외의 모든 벽지는 종이에 다른 물질을 더 부착시켜 일반 종이 벽지보다 시공성과 기능성, 장식성을 높인 것들이다. 종이 위에 부착한 재료에 따라 천연 벽지, 섬유 벽지(실크, 마, 합성섬유), 합지 벽지(종이)로 나뉜다. 그 중 PVC[*]를 부착한 것이 바로 비닐 벽지(염화비닐 벽지)이다.

그래서 벽지는 크게 종이 벽지와 비닐 벽지로 구분할 수 있는데, 비닐 벽지 중 대표적인 것이 흔히 실크 벽지라고 말하는 비닐실크 벽지이다. 물론 진짜 실크를 붙인 벽지가 아니라 PVC를 코팅한 화학 벽지라서 물걸레나 세정제로도 닦을 수 있고 방습, 방수 효과가 뛰어나 널리 이용한다. 하지만 화재 시 유독가스를 발생시키고 내열성이 약하다는 결정적인 단점이 있고 통풍이 나쁘며 소리를 반사하여 방음이 좋지 않다. 게다가 일반풀이 아닌 본드로 시공해야 하므로 집 안 공기 오염에 결정적인 몫을 한다.

벽지는 제조과정에서 합성 화학물질이 다량 함유되고 그후 보존을 위한 방부처리도 빠지지 않는다. 문양이나 염색을 위한 잉크와 광택제에는 톨루엔과 벤젠 등의 성분이 포함되어 있고 특히 염화비닐 벽지는 환경호르몬의 방출 위험도 안고 있다. 염화비닐 벽지에는 유연제인 프탈산에스테르가 들어 있는데 이것은 생식 독성이 우려되는 물질로 성인보다는 어린이에게 특히 유해한 것으로 알려져 있다. 아주 쉽고 간단하게 말한다면 단단한 플라스틱을 환경호르몬 유화제로 늘여서 집을 비닐로 꽁꽁 둘러 본드로 붙여 놓은 형상이라고 볼 수 있다. 이름마저 우아한 실크 벽지지만, 진실은 온갖 화학물질을 이용

PVC

염화비닐을 50% 이상 함유한 혼성 중합체를 말한다. 포장용, 농업용 등의 필름에 연질 제품이 주로 사용되고, 경질 제품은 압출성형을 해 수도관을 만든다.

해 화려한 외양을 한 두 얼굴의 벽지인 것이다.

일반적으로 벽지를 바른 후 벽지의 화학물질 방출량 중 톨루엔과 벤젠이 각각 80%와 10%가량으로 가장 많다고 밝혀졌다. 그리고 시간이 흐르면 톨루엔의 수치는 20%로 낮아지지만, 벤젠의 방출량은 오히려 60%까지 높아지기도 한다.

▷한지 벽지 - 화학물질 벽지의 대안

그에 비해 한지는 아주 우수한 마감재라고 할 수 있다. 한지는 천연 재료를 천연 가공으로 만들어내기 때문에 자연과 인간에 해가 없다. 겨울철에 채취한 닥나무의 섬유질을 삶고 다듬는 과정을 반복하고, 찬물에서 제작하는 질 좋고 힘 있는 종이가 바로 한지이다. 게다가 한지는 박테리아 등 미생물 번식을 방지하는 효과까지 있으니 참으로 유익한 종이이다.

서양 종이는 pH4.0 이하의 산성 종이로 대개 50~100년 정도가 되면 누렇게 삭아버리지만, 한지는 pH 7.0 이상의 알칼리성 종이로 세월이 갈수록 결이 고와진다. 또 물을 만나면 쉽게 녹아 버리는 서양 종이에 비해 흡습성이 뛰어나 일정량의 수분을 흡수해도 지질에 변화가 없다. 특히 덜 마른 종이를 여러 장 포개 두들기는 마지막 도침 공정은 밀도를 높이고 섬유질 형성도를 높여 질기면서도 통풍이 잘 되는 고급 한지가 되게 한다. 은은한 빛 투과율과 섬유 결이 특유의 아름다움을 연출해내는 것도 한지만이 가진 멋이다.

건강한 집을 위한 벽지는 한지 벽지 외에 종이, 합지 벽지와 고령토를 한지 속에 침투시켜 황토지로 만든 황토 벽지, 천연섬유로 구성된 섬유 벽지, 그리고 지사 직물로 구성된 직물 벽지가 있다.

이때 친환경 벽지를 선택할 때 단순히 원재료가 천연이면 되는 것이 아니라 만드는 공법이 매우 중요하다. 무늬와 색상을 넣을 때, 잉크와 접착제는 반드시 수성 잉크와 무독성 수성 접착제를 사용한 것인지 확인해야 한다.

▷ 접착제 – 끈적하게 달라붙은 독소

벽지는 벽지 자체뿐 아니라 벽지를 바를 때 쓰이는 접착제 때문에 더 큰 유해성이 있다.

우리나라의 옛집은 기둥과 들보의 접합부를 요철 모양으로 끼우거나 쐐기를 박아 넣기 때문에 못과 접착제를 거의 사용하지 않았다. 옛사람들은 화학접착제 한 톨 없이도 아귀가 꼭 맞는 훌륭한 마감 실력을 보여주었다. 정교하게 끼워 맞추고, 잇고 하는 '맞춤'과 '이음'의 기법은 재질의 특성과 상태에 따라 다양한 종류의 기술로 발현되었다. 쇠못은 거의 쓰지 않았고. 못이 필요한 곳은 나무못을 치고 아교나 송진 같은 접착제로 맞춤과 이음을 보강했다. 우리나라에서는 동물 아교나 화학 풀이 일반화되기 전까지는 물고기의 부레에서 얻는 어교(부레풀)를 많이 썼다.

그러나 지금은 빠르고 간편한 시공을 위해 마감공사의 아주 많은 부분을 강력한 접착제에 의존하고 있다. 지업사에서 파는 일반 풀에도 방부제나 본드류가 첨가되어 있지만 실크 벽지 도배에는 일반 풀보다 접착력이 좋은 화학 풀을 주로 사용한다. 특히 합성 수지계 접착제는 접착력과 내수성, 내후성, 내화학성이 우수한 접착제로 종이와 피혁은 물론 목재와 금속. 콘크리트까지 붙이지 못할 물건이 없다. 하지만 합성수지계열의 접착제는 모두 폼알데하이드와 휘발성유기화합물을 다량 함유하고 있고 환경호르몬을 방출하는 것도 있다.

벽지에서 나타날 수 있는 유해물질은 열거하기도 버겁다. 그중 폼알데하이드는 합판, 건축내장재, 단열재, 그리고 접착제에도 쓰이는데 기존 농도 이상 시, 눈에 미세한 자극의 염증이 유발된다. 게다가 휘발성유기화합물도 건물을 신축한 직후에 가장 많이 방출된다. 외국에서는 마룻바닥이나 타일을 붙일 때 쓰는 접착제 등에서 시공 후 최장 10년까지 유해물질이 방출된다는 보고도 있다.

톨루엔은 현기증, 두통, 메스꺼움, 식욕부진, 기관지염, 폐렴을, 에틸벤젠은 눈, 코, 목, 피부에 자극을 주고 장기적으로 노출될 경우에는 신장, 간 등에 악영향을 미친다. 그 외 벤젠은 졸음, 현기증, 두통, 심지어 백혈병, 림프암까지도 일으키고 면역체계를 약화시킨다. 자일렌은 중추신경계 억제작용과 피로감, 호흡이 가빠지고, 심장이상을 초래하며 스틸렌은 기침, 두통, 재채기, 피로감, 마취작용을 일으킨다니 가히 위협적이지 않을 수 없다.

일반적으로 주택에 사용된 화학 접착제는 대략 한 평당 1kg 정도라고 한다. 99㎡(약 30평)의 집에 신경을 죽일 수도 있는 화학 접착제 약 30kg이 들러붙어 스멀스멀 유독 성분을 내뿜고 있다는 사실을 생각해 보았는가.

건강한 벽지 처방전

- 일반적으로 비닐 벽지보다 종이 벽지가 안전하다.
- 그중에서도 재생용지와 천연펄프 등을 사용한 친환경 벽지가 좋다.
- 천연소재 함유 벽지도 친환경 인증마크를 확인한다.
- 천연 펄프로 만든 한지 벽지가 가장 자연 친화적이다.
- 한지를 사용하면 밀가루풀로 간단히 도배할 수 있다.
- 곰팡이 방지를 위해서는 밀가루풀을 완전히 식힌 다음 바로 사용한다.
- 도배는 환기가 쉬운 여름철에 하는 것이 좋다.

무늬만 원목인 바닥재

옛날에는 이사하거나 새 식구를 맞이하는 큰 행사 때에 좋은 날을 잡아 콩댐을 했다. 두부모를 펼쳐놓듯 반듯하게 자른 한지를 팽팽히 덧입혀 지난해의 상처를 감추고 그 위에 콩기름을 발라 마무리하는 것이다. 그리고 따뜻한 온돌 기운에 종이가 말라갈 때 어김없이 다시 콩댐하면 반짝반짝 윤이 나는 고슬고슬한 장판이 탄생했다.

손길과 정성이 묻어난 이런 정취는 한낱 추억으로 멀어져 버렸고 지금은 한나절이면 뚝딱 바닥을 완성해 버릴 수 있는 수많은 바닥재가 즐비하다.

가장 보편적인 바닥재는 PVC 바닥재로 비닐 장판, 비닐 타일, 데코타일 등이 그 예이다. 합성수지로 만들어진 비닐 장판은 석유나 석탄·천연가스 등을 원료로 하여 인위적으로 합성한 것이다. 석유가 원재료이기 때문에 비닐 장판의 해로움은 말할 필요가 없고 합성수지는 열이 가해지면 휘발성 화학물질을 더욱 많이 방출한다. 또한, 정전기가 발생해 전자파와 비슷한 피해를 입을 수도 있다. 집 안에서 신발을 벗고 생활하며 온돌 문화를 가진 한국인에게는 더욱 치명적이라는 것은 자명하다.

이런 바닥재의 유해성을 피하려고, 아니면 고급스러운 분위기 연출을 하려고 마룻바닥을 깔려고 하면 합판 마루나 강화마루를 알게 될 것이다. 하지만 사실 이런 마루는 원목을 흉내 내어 무늬만 나뭇결을 입힌 가짜 마루이다.

합판 마루는 얇은 합판을 여러 겹 붙인 것 위에 무늬목을 붙이고 도장 처리 한 제품으로 무늬목 자체를 포르말린으로 방부처리를 해

버리는 경우도 있다. 게다가 시공 시 다량의 접착제가 사용되기 때문에 당연히 아주 해로운 바닥재가 될 수밖에 없다.

강화마루는 MDF[*] 판 위에 멜라민을 여러 겹 코팅해서 강도를 높인 후 목재 무늬가 인쇄된 시트나 데코타일을 붙여 원목 마루의 느낌을 살린 바닥재이다. MDF 판은 톱밥처럼 곱게 간 잡목을 접착제와 섞어 압축시킨 판이다. 이런 형편이니 강화마루 또한 폼알데하이드를 다량 함유할 수밖에 없다.

이런 재료들은 재료 자체에서 발생하는 유해화학물질도 문제지만 제작과 시공에 사용되는 다량의 화학 접착제가 문제이다. 설사 진짜 원목 바닥재를 시공한다 해도 건조 과정에서 방부제에 담가 살균을 하고, 원목의 뒤틀림을 방지하기 위해 화학물질로 표면 도장을 하는 실정인지라 휘발성유기화합물의 배출을 피할 수 없다. 이것이 모두 방출되려면 적게는 몇 개월에서 많게는 몇 년이 걸리고, 비교적 안전하다는 겨울철에도 계속 방출되어 우리 몸에 흡수된다.

폼알데하이드는 체중 1kg당 100mg(0.1g)을 섭취했을 경우 50%가 사망하는데, 이는 체중 70kg인 사람 100명이 7g씩 섭취할 경우 그중 50명이 죽게 된다는 뜻이다. 1981년에 만들어진 쉥케(Schenke)보고서에 따르면 공기 중 폼알데하이드 30ppm 농도에서 1분간 노출되면 기억력 상실, 정신 집중 곤란 등의 증상이 나타나며, 100ppm 이상 마실 경우 인체에 치명적인 영향을 미친다고 한다.

무엇보다 우리네 온돌문화는 바닥재의 위해성을 가중시키는데, 실내온도가 높아질수록 유해물질이

MDF(Medium Density Fiber board)

톱밥을 눌러 합판에 붙인 인조 목재로 섬유판이라고도 한다.
이렇게 만든 인조 목재 위에 합판을 대거나 나뭇결 모양의 시트를 붙여 유통한다. 톱밥을 부드럽게 처리하는 과정에서 방부제가 사용되며, 압축하는 과정에서 다량의 화학 본드가 사용된다.

방출되는 것은 너무 뻔한 이치이기 때문이다. 그러므로 가능한 한 자연 재료에 가까운 소재를 선택하고 수용성 접착제를 이용하거나, 끼워 맞추거나 못질 등을 하여 접착제 사용을 최소화하는 것만이 유해물질을 억제할 수 있는 최선의 길이다.

▷ 안심 바닥재

천연바닥재로는 1863년 영국의 F.월턴에 의해서 발명된, 리노(lino)라고 불리는 리노륨이 있다. 아마인유·오동나무 기름 등을 산화 중합시켜 생긴 리녹신(linoxyn)에 로진(rosin) 등 천연수지류를 섞고, 코르크·톱밥·돌가루와 착색제 등을 첨가한 후, 마직포와 롤러에 의해 가열 압착하여 시트 모양을 만들어 장시간 건조시켜서 완성한다. 100% 천연 재료를 이용해 만드는데 탄력성이 좋고 보행감촉이 뛰어나, 미끄러지거나 소리가 잘 나지 않으며, 피로도 덜 느끼게 된다고 한다.

그 외에도 내마모성·내화·내열·전기절연성·내유성이 우수하다. 무엇보다 매력적인 장점 중의 하나는 살균작용이 우수하다는 것이다. 바닥의 박테리아는 2일 정도면 사멸되는데 무려 10년 가까이 효력이 지속된다. 물론 무거운 가구 등 하중에 약하여 자국이 남거나 알칼리성에 약하며, 내수성·내습성이 떨어지는 단점도 있다. 바닥은 충분히 건조시켜 평탄하게 하고 균열을 없애며, 알칼리성 이외의 접착제를 사용하여, 무거운 롤러로 내부에 공기가 남아 있지 않도록 압착시켜야 한다.

대나무 죽편을 착색하여 만든 대나무 바닥재는 한국에서 개발하였으며 천연염료를 사용한 천연착색 바닥재이다. 다양한 종류의 컬러 패턴을 연출할 수 있고 표면 강도 및 내충격성이 좋다.

한옥과 더불어 친환경적인 주택이 주목받는데, 전통과 현대 공법을 접목해 황토집의 시공을 간편하게 하는 황토 타일 바닥재는 열전도율이 높고 습기를 잡아주며 방음 효과가 뛰어나고 방충과 청소도 쉬우면서 인테리어 효과도 있다.

더 알아둘 웰빙 상식

친환경 자재 사용 현황

친환경 자재 선정 방식은 자재의 휘발성유기화합물과 폼알데하이드 방출량을 기초로 하여 선정된다. 실내마감자재 대부분이 중국, 인도네시아 등의 동남아시아에서 수입되고 있으며 환경선진국들과 비교하면 친환경 자재 생산 및 관리방식이 우리와 다르게 많은 시간 노력 아래 체계화되어 있음을 알 수 있다.

최근 몇 년 전부터 바닥재 합판마루, 강화마루 등을 유럽, 캐나다, 호주 등의 생산방식과 전체 사용량의 60%가 넘는 동남아시아의 방식과 비교하였는데, 여기에는 차이점이 있다.

합판마루는 합판에 건조된 무늬목을 접합하고 코팅하는데 무늬목 살균방식에서 선진국은 천연 스팀 살균방식을 사용하고 동남아시아 및 개발도상국은 유해성 방부제 용액주입살균방식을 사용한다.

접합방식도 선진국들은 친환경접착제 이중접착을 사용하나 동남아 국가에서는 에폭시 접착을 사용한다.

건강한 바닥재 처방전

- 바닥재를 자주 갈지 않도록 하고, 만약 교체해야 한다면 환기가 용이한 여름철에 한다.
- 장판은 종이장판을 권한다.
- 종이장판 위에 합성니스를 칠하지 않는다.
- 종이장판에는 콩기름이나 천연염료를 사용한다.
- 바닥재의 접착에는 천연성분의 친환경접착제를 쓴다.
- 마루를 놓을 때는 끼워 맞추거나 못질을 한다.
- 합성수지 장판을 깔았을 경우 환기에 유의하고 순면, 대나무, 왕골 등 천연소재로 된 깔개를 깐다.
- 숯, 옥, 황토 등 천연 재료로 만든 제품도 친환경 마크나 인증마크를 확인하여 규격제품인지 알아본다.

페인트와 도장제
— 중금속으로 벽을 칠한다

건축공정의 최종 마무리인 도장에 사용되는 재료가 페인트와 바니시[•] 같은 도료들이다. 도료는 휘발성 용제에 각종 유해화학물질을 조합해 만든다. 도료를 구성하는 주원료는 색을 내기 위한 안료와 도막(물체의 표면에 칠한 도료의 층이 연속적인 피막을 형성한 것)을 만드는 전색제, 그리고 희석제 및 용제, 건조제 등의 첨가물이다. 이 첨가물들의 주요 성분은 여러 유기화합물과 중금속, 산화처리제, 알칼리성 약품, 방향제, 할로겐족으로 이루어져 있다. 그래서 제품에 따라 다르지만, 실내 도장에 사용된 도료에서는 벤젠과 톨루엔, 자일렌, 솔벤트, 지방족 탄화수소, 할로겐 탄화수소, 알코올, 에테르 등 휘발성유기화합물이나 납과 같은 중금속이 배출된다.

미국 질병통제센터에 따르면 50만 명에 가까운 미국 아이들의 혈중 납 농도가 위험한 수준으로 매우 높다고 한다. 혈액 속 납은 지능을 떨어뜨리고, 신체발육을 저해하며, 정신적으로는 과잉행동장애를 유발한다. 미국 아이들의 혈중 납 농도가 높은 것은 페인트에 함유된 납 성분이 공기 중을 떠돌다 몸에 흡수되기 때문이다.

벽이나 가구, 생활 용품 등에 폭넓게 쓰이는 페인트는 납, 비소, 카드뮴, 트라이클로로 에테인, 암모니아, 폼알데하이드, 수은 등의 중금속과 유해 화학물질을 배출한다. 이런 성분들은 천식과 어지럼증을 유발하고 중추신경계에 치명적인 손상을 준다. 특히 비소는 독극물로 암과 심혈관계 질환을 유발하고 신경계와 호흡기에

바니시
도막 형성을 위해 사용하는 도료로 흔히 니스라고 부른다. 수지를 알코올 등의 휘발성 용제에 녹인 휘발성 바니시와 보일유나 중합유와 같은 건성유를 첨가한 유성 바니시로 나뉜다.

도 나쁜 영향을 주며 만성적 노출 시에는 암이 우려되는데 특히 심각한 피부암을 일으킨다.

그러므로 천연 원료와 공정 과정을 거친 페인트를 선택하고 친환경인증마크와 같이 유해요소가 저감된 것을 반드시 확인해야 한다. 일반페인트를 사용해야 한다면 유성보다는 수성 페인트가 낫고, 붓을 세척할 때도 화학 세정제가 아닌 친환경 세정제를 사용하는 것이 좋다. 그리고 반드시 창문을 활짝 열어 자연환기가 되는 상태에서 페인트칠을 해야 하며 페인트칠 이후에도 주기적으로 충분한 환기를 해야 한다.

▷ 천연 페인트와 천연 도료

화학도료에 대한 대안이 천연 페인트라고 할 수 있다. 현재 국내에서 개발한 제품도 판매하고 있지만, 아직까지 많은 양을 수입에 의존하고 있고 가격이 일반 페인트보다 3~20배까지 비싸다. 한 가지 주의할 점은 천연 페인트가 친환경 페인트이기는 하지만 친환경 페인트가 모두 천연 페인트는 아니라는 점이다. 일반적으로 말하는 친환경 페인트는 폼알데하이드, 납, 벤젠 등이 기준치보다 낮게 포함된 것이지만, 미량이나마 중금속과 유해화학물질을 함유하고 있다. 저독성이 아닌 무독성인지 반드시 확인해야 한다.

반면 천연● 페인트는 말 그대로 원료 자체를 자연에서 얻어 만든 독성이 없는 페인트이다. 물론 유해화학물질을 발생시키지 않고, 오히려 자연향기가 난

천연

'天然(천연)'이라는 단어의 사전적 의미는 사람의 힘을 가하지 아니한 저절로 이루어진 상태. 흔히 천연 재료, 천연 염유, 천연 소재 등을 말한다.

다. 실크광이 자연스럽고 색상이 다양하며 화학도료에 비해 오히려 색상 변질의 위험도 낮다. 게다가 정전기도 안 생기고 별도의 희석제가 필요없으며 전자기기에 영향을 주지 않고 단열이 잘 되며 습기에 강하다.

천연 페인트의 원료는 송진, 아라비아고무, 잇꽃가루, 아마유, 인도산 인디고 등등이며 식물, 광물, 미네랄의 다양한 경로를 통해 얻어진다. 처음에 독일에서 개발해 수입해 썼지만 우리도 원적외선, 숯 등을 이용한 우리 식의 천연 페인트를 개발하고 있으니 사용해볼 만하다.

천연물질에서 도료를 얻어내는 전통적인 칠 기법으로는 옻칠이 대표적이다. 옻나무 수액으로 만든 이 도료는 칠장막이 매끄럽고 단단하여 방수성과 견고성이 높아 칠 중에서 으뜸으로 평가되나 값이 비싸고 옻 알레르기를 일으킬 수 있어 시공시 주의해야 한다. 자칫 오해의 소지가 있는 친환경• 페인트는 기준치 이하의 유해물질을 배출하는 것이긴 하지만, 화학원료이므로 천연 페인트라고 볼 수 없다.

친환경

친환경(親環境)은 환경과 조화를 이루도록 환경을 배려하는 것을 의미하며 친환경 농업, 친환경 개발, 친환경 주거지역 등과 같은 형용사적 용법이다.

집에서 만드는 밀가루풀 페인트 만드는 법

1. 밀가루에 차가운 물을 2컵 정도 붓고 덩어리 지지 않게 혼합한다.
2. 뜨거운 물 1컵을 더 넣고 골고루 섞는다.
3. 낮은 불에 올려놓은 후 휘저어 치약처럼 만든다.
4. 불에서 내려놓은 후 2컵 정도의 물을 조금씩 부으면서 묽게 희석시킨다.
5. 다른 그릇에 바탕재로 쓰일 점토를 질감을 표현할 다른 바탕재와 함께 섞어 놓는다. (색깔 있는 점토를 바탕재로 쓸 경우 별도의 색소가 필요 없다. 그러나 석회나 석고, 백분 등과 같은 흰색의 바탕재를 사용할 경우에는 별도의 색소를 혼합한다.)
6. 바탕재를 묽게 희석한 밀가루풀과 섞는다. (원하는 점도에 따라 바탕재 양을 조절한다.)

원목가구
— 무늬만 원목인 가짜 가구

집 안 가구 대부분은 목재로 만들어졌다. 예나 지금이나 좋은 가구는 훌륭한 나무로 만들어지지만, 요즘 어느 집에나 다 있는 원목가구는 옛날의 목제가구가 아니다.

예전에는 딸을 낳으면 오동나무를 심어 시집갈 때 손수 가구를 짜서 보냈지만, 그렇게 긴 세월과 정성이 필요한 일을 지금 사람들은 하지 못한다. 아니, 그럴 필요도 없이 그럴듯하고 값도 웬만한 목제가구가 지천인 세상이다.

요즘의 목제가구는 예전처럼 좋은 나무를 골라 결을 따라 다듬고 말리고 하는 노력이 필요 없는 간편한 것들 뿐이다. 합판, MDF, 파티클 보드 등이 대중적인 목제가구의 주재료이다. 파티클 보드는 MDF보다 질이 낮은 재료로, 거친 나무톱밥을 합성수지 접착제에 섞어 만든 것이다. 이런 판에 포르말린에 담가 처리한 무늬목을 붙이거나, PVC합성소재 시트를 붙여 만든 것이 요즘 목제가구들의 실체이다.

또한 전체를 원목으로 제작한 가구라 해도 벌레와 흠집방지를 위해 폼알데하이드가 40% 들어간 수용액인 포르말린에 6개월 이상 담근 후 건조시킨 목재를 사용해 만든다. 건조 과정에서는 표백제와 살균제, 나뭇결을 살리고 색감을 좋게 하는 광택제의 샤워도 받는다. 혹은 포르말린 대신 고착률이 높은 CCA 처리가 된 목재를 이용하기도 하는데, 이 CCA는 크롬, 구리, 비소를 이용한 목재 방부제로 그 맹독성으로 인해 취급제한을 받는 발암성 유독물질이다.

특히 비소는 폼알데하이드보다 더 해로워서 탈수, 혈압강하, 혼수상태, 간경변을 일으키는 무서운 물질이다. 이렇게 방부처리를 거친 목재는 발암물질을 함유하는데 2~15세의 어린이들에게 특히 위험하다고 알려져 있다. 미국 정부에서는 2004년부터 비소가 함유된 목재방부제의 사용을 금지했다.

원래부터 친환경적이던 우리의 옛 가구들을 생각해 보면 딱 알맞게 쓰인 접착제와 도료, 그리고 솜씨 좋게 깍고 다듬어서 끼워 맞춘 기술까지 모두 '자연적'이었음을 새삼 느낀다. 옛 가구들은 천장이 낮아 작은방에 어울리면서 좌식생활에 알맞은 크기로 소박한 것들 뿐이었다. 옛 가구의 독재는 자연의 빛과 물을 머금었다 마르기를 수십 차례, 뒤틀림 없는 체형을 갖출 때까지 충분히 기다려 알맞게 마른 후에야 가구로 탄생되었다. 농으로, 장으로, 소반으로, 반다지로, 서가로, 충실한 기능성 위에 비단이나 나전칠기, 종이 등의 다양한 부재들과 어우러져 장식성이 가미됐지만, 어디까지나 사람과 함께 방 안에 아담하게 담겨 가구 본연의 의미를 잃지 않는, 허세 없는 가구들이었다.

최근 유수의 가구업체들이 일부 가구와 문짝에 친환경을 새로운 전략기치로 내걸고 상당한 성공을 거두고 있다는 소식이다. 소비자 시연을 통해 일반 소재와 친환경 소재의 제품을 비교 체험하게 하고, 폼알데하이드와 휘발성유기화합물의 방출율을 현저히 낮추어 소비자들의 지지를 얻어내고 있다. 현재 건축 자재에 대한 유해물질 배출기준은 있으나 생활 가구에 대한 관리 기준이 아직 마련되어 있지 않은 가운데 업체들 스스로 개발과 성장을 위해 친환경 가구에 눈을 돌린 것은 환영할 만한 일이다.

이때 주의해야 할 점은 친환경 가구는 자연 환경을 보존하고 사용자의 건강을 저해하지 않는 재료일 뿐 전통방식의 천연 재료는 아니라는 점이다. 그럼에도 불구하고 소비자를 현혹시켜 고가로 판매하는 상술에 속아 넘어가지 않도록 가구는 겉보다 내장재를 살피고 도장 등 공정도 매우 중요하게 보아야 한다.

국내에서 대량 생산체제를 갖춘 양산가구를 보면, 매년 소비자의 라이프스타일과 시장 흐름에 따라 디자인의 변화를 시도한다. 더불어 근래는 자연 친화적인 재료가 각광받는 추세이다. 따라서 가장 우수한 SEO 등급이나 E1, EO 등급인지 꼼꼼히 가구사별로 비교 분석하여 지혜로운 구매를 해야 한다. 더불어 접착제와 도료 등의 화학물질은 천연 원료(옥황토, 참숯)를 적용한 마감재를 이용하고 있는지도 살펴봐야 한다.

가구자재 등급	폼알데하이드 검출기준		인체에 미치는 영향	국내기준 (KC기준)	선진국 기준
	단위(mg/ℓ)	단위(mg/m^2/H)			
SEO	0.3mg/m^2/h이하	0.005mg/m^2/h이하		실내사용	실내사용
E0	0.5mg/m^2/h이하	0.02mg/m^2/h이하	민감한 아이에게 아토피성 피부염이 생김. 신경조직과 눈에서의 자극	실내사용	실내사용 면적제한 일부 판매금지
E1	1.5mg/m^2/h이하	0.12mg/m^2/h이하	호흡기 장애와 목에 자극이 시작 됨. 산업 위생학회 허용 농도	실내사용	실내사용 면적제한 일부 판매금지
E2	5mg/m^2/h이하	0.6mg/m^2/h이하	눈을 찌르는 듯한 고통 밀폐된 공간에서는 호흡장애	실내사용 금지	실내사용 금지

새가구를 살 땐 친환경 자재등급표를 꼭 확인해야 한다. E2 등급의 경우, 일본, 유럽, 대만 등의 선진국에서는 엄격히 금지되고 있다.

갯지렁이 천연 접착제

천연 접착제는 아교, 목초액, 해초분말, 식물성 유지 등을 혼합하여 제조한 100% 자연 소재이며 주로 가구, 목공품, 코르크, 집성재, 벽지, 한지에 사용한다. 천연 접착제의 대표 주자는 갯지렁이를 사용해 만든 천연 강력 접착제이다.

갯지렁이는 밀물과 썰물이 반복되는 갯벌에 집을 지을 때 사용되는 모래와 조개껍데기 등을 끈끈하게 이어 붙이는 천연 본드 성분이 있는데 이는 마그네슘과 칼슘을 함유한 단백질이다. 부러진 소의 뼈를 갯지렁이 본드로 접합한 결과 접합 강도가 시중에 나와 있는 강력접착제의 37%에 이른다. 갯지렁이 본드는 습기와 상관 없이 사용할 수 있으며 무독성인 장점이 있다.

소파
— 우아함 속에 숨은 독소

▷ 가죽 소파

고급 소파 재료의 대명사인 천연가죽 역시 가공 과정을 통해 유해물질을 가득 머금고 태어난다. 소파는 일반적으로 다른 생활 가구에 비해 유기화합물의 방출량이 많다. 소비자보호원의 발표에 의하면 가구 특유의 냄새나 악취와 관련해 접수된 소비자 불만 가운데 소파가 가장 많았다고 한다. 그다음이 침대, 옷장, 책상이나 책장 순이었다.

소파는 원목으로 된 의자 부분과 여기에 입히는 커버 및 방석으로 이루어진다. 커버 부분의 재질에 따라 물소 가죽, 천연가죽, 패브릭, 인조가죽 소파로 나뉜다. 원목 부분의 나무는 세계 도처 벌목지의 수입 제품이 대부분이다.

가죽 소파는 천연 재료이기는 하지만 가공과정에서 독소를 발생시키는 화학처리를 가장 많이 하기 때문에 인체에 유해하다. 천연가죽 소파라 해도 합성타닌이나 크롬 용액 등을 이용한 무두질에 방부제, 염료와 안료, 광택제, 접착제 등 많은 화학물질이 사용된다. 특히 소파는 신체에 직접 접촉하는 가구의 특성을 고려해 볼 때, 화학가공 처리 정도는 인체 유해도와 직결된다.

흔히 '레자'라고 불리는 합성 가죽은 플라스틱 소재를 부드럽게 가공한 것이다. 그 과정에서 프탈산부틸벤질이라는 유독성 환경호르몬이 방출된다. 쿠션, 등받이에는 폴리우레탄 발포제를 사용하기 때문에 염화플루오르탄소, 플라스틱, 톨루엔 등 독성 물질이 함유되어 있다.

소파는 다른 어떤 가구보다도 인체 접촉이 많은 가구라서 피부를 통한 유해성분 유입이 문제다. 소파에서 잠을 자거나 아기를 재울 경우에는 호흡을 통한 유기화합물 흡입도 문제다. 거기에 더하여 난방으로 실내 온도 상승 시 환기부족 상태가 되면 실내공기를 오염시키는 큰 원인으로 작용해버리고 만다.

▷ 패브릭 소파

패브릭 제품 역시 섬유의 내구성을 높이기 위해 합성수지 가공을 하는데 대부분 스펀지, 즉 폴리우레탄이라는 플라스틱 종류를 가공한 것이다. 폴리우레탄이 연소하면 시안화수소(청산)라는 휘발성 유독가스를 배출한다. 시안화수소는 사형집행에도 쓰였던 독극물로 100ppm 이상 마시면 30~60분 이내에 사망할 수 있다. 화재 현장에서 사람들이 화상이 아닌 가스중독으로 더 많이 사망하는 원인이 되는 물질이다.

패드나 쿠션의 첨가물은 대부분 스펀지나 폴리우레탄 폼, 라텍스 전용으로 쓰이고 그중 가장 일반적인 것이 스펀지다. 그러므로 패브릭 소파는 섬유 소재 외에 쿠션에도 독성이 있는 화학물질이 포함되어 있다. 무엇보다도 아토피와 천식의 주범인 집먼지 진드기•의 좋은 서식지가 되기 때문에 늘 청결하게 관리해야 한다.

집먼지 진드기
거미과에 속하는 해충으로 아토피, 기관지 천식, 알레르기성 비염을 일으키는 원인물질이다. 주로 침대 매트리스, 소파, 카펫, 의류 등 천으로 된 가구 등에 살고 있으며 0.1~0.3㎜의 크기로 사람의 눈으로는 식별하기 어렵다.

결국, 소파는 그 자체가 실내 오염원이 되는 가구

이다. 어떤 가죽 소파라 해도 원자재 그대로 만들어내기 불가능하기 때문이다. 심지어 수백만 원씩이나 하는 유해성분의 소파를 들여놓자고 굳이 물소 가죽을 벗기는 일에 한몫 거들 필요는 없지 않은가.

꼭 필요하다면 패브릭 소파를 잘 관리하여 사용하는 것이 오히려 현명한 선택이 될 것이다. 더 좋은 대안으로는 등나무 소파 등 천연 재료를 사용한 소파를 이용하자. 내구성도 좋고 환경오염을 일으키지 않으며 쿠션의 세탁도 용이하기 때문이다.

새로 산 가구 때문에 아토피 피부염 등 부작용이 발생하는 현상이 '새가구증후군'이다. '새가구증후군'을 줄이는 방법은 가급적 가구를 새로 사지 않고 기존의 헌 가구를 쓰는 것이 가장 좋은 방법이다. 또한, 부득이하게 새 가구를 장만하게 될 경우 가구 문을 활짝 열고 환기를 장시간 시켜서 화학물질을 밖으로 내보내야 한다. 남이 쓰던 헌 가구가 오히려 가족의 건강에 유익하다면 의식의 전환을 통해 오히려 선도적 역할을 하는 녹색 소비를 실천할 수 있을 것이다.

건강한 가구 처방전

- 집 크기에 비해 너무 많은 가구를 가졌다면 과감히 줄이자.
- 가구의 외관보다는 원재료와 마감재 등을 꼼꼼히 점검한다.
- 합성접착제나 방부제, 합성수지 등 유해 화학물질 사용 여부를 확인한다.
- 가능한 한 방부 처리, 화학약품 처리가 안 된 원목가구를 선택한다.
- 짜 맞춤식의 공법을 사용한 것을 고르며 투박하더라도 원목 그대로를 쓰는 게 좋다.
- 광촉매제로 가구 내부를 정화해주는 기능성 가구도 있으니 참고한다.
- 가능한 한 인증마크가 있는 친환경 가구를 선택한다.
- 새로 산 가구는 환기와 지속적인 통풍으로 유해물질을 제거하고, 벽과 약간 간격을 두고 설치해 통풍이 잘 되게 하여 유해물질이 잘 배출되도록 한다.

CHAPTER 02

섬유와 펄프 가공제품

침구류 — 잠자는 동안 흘러나오는 독소

포근한 솜과 면이 주종이던 침구도 화학섬유와 가공공정의 변천사에 따라 함께 발전했다. 하루 평균 수면 시간은 8시간, 인생의 1/3인 20~30년, 우리가 얼굴을 묻고 지내는 베개와 이불은 과연 안전한 걸까?

이불은 보온성, 흡수, 발산성이 뛰어나며 무겁지 않고 피부 밀착성이 좋아야 한다. 이러한 이불의 조건 외에도 솜의 재질이 매우 중요하다. 양모는 보온성과 흡수성이 뛰어나 위생적이며 항시 쾌적한 상태를 유지시켜 준다. 거위 털, 오리 털은 공기층을 형성해 보온력이 뛰어난 겨울 이불이다. 그러나 털 빠짐 때문에 겉감으로 면 소재를 쓸 수 없고 관리가 힘들다. 게다가 양모와 함께 살균 방부처리를 많이 한다는 단점이 있다. 식물성 솜인 목화는 알레르기를 일으키지 않고 가벼우며 보온성이 뛰어나고 곰팡이 등의 미생물에 대해 안전한 천연 재료이다.

반면에 저렴하게 널리 유통되는 폴리에스테르나 폴리프로필렌, 아크릴 등과 같은 화학솜은 가볍고 물세탁에 강하며 손질하기가 편하다. 하지만 편의를 위한 화학처리는 섬유에도 예외가 없고, 그에 따라 인체에 해로울 수밖에 없다. 섬유의 신축성을 위해 쓰는 폼알데하이드와 발색, 발광제는 두통, 천식, 안구 출혈, 호흡기 질환, 발진, 가려움증과 불면증의 원인을 제공하기도 한다. 구김 방지를 위한 방축 가공과 방수 처리 역시 천식과 피부염과 관련이 있고 때로 항균처리제품은 민감성 피부에 자극을 줄 수도 있다.

요즘 새로운 침구로 각광 받고 있는 고밀도 기능성 이불을 표방하는 극세사(Microfiber) 섬유도 천연섬유는 아니다. 고분자 화학섬유나 규소를 이용해서 만든 유리섬유, 혹은 탄소를 결합하여 만든 탄소섬유이다. 머리카락 굵기의 1/100 이하 굵기인 초극세사를 한 치의 틈도 없이 촘촘히 짠 직물은 실제로 집먼지 진드기의 통과를 막아 그 침입을 원천봉쇄할 수 있다고 알려져 있다. 0.0002㎜의 초밀도 원단을 사용하여 아예 집먼지 진드기의 이동통로를 차단하고 이러한 극세사의 사용이 알레르기나 비염, 아토피를 방지한다고 하지만 이러한 고밀도 원단이라도 재봉선이나 바느질 부분 틈새 또는 스크래치가 생긴 부위에 충분히 진드기가 통과할 수 있다.

게다가 현재 시중에서 흔히 통용되는 것은 이런 고밀도의 진짜 극세사 원단 이불과는 거리가 멀다. 일반 천에 극세사 털을 붙여 극세사 섬유의 부드러운 느낌만 살린 것들이 대다수로 그 보온성으로 오히려 집먼지 진드기의 생장을 돕고 먼지도 더 많이 발생한다. 그러므로 극세사 침구를 준비하려면 집먼지 진드기 통과 실험 데이터가 있는 국내산 전문 제품을 구매하는 것이 바람직하다. 홈쇼핑에서 판매하는 저가의 극세사 이불로는 바늘땀의 구멍도 통과한다는 집먼지 진드기를 결코 차단할 수 없다.

하지만 침구의 외장재보다 더 문제가 되는 것은 내장재이다. 침구의 천연 솜 내장재로는 목사, 명주 솜, 양모, 우모 등이 있다. 모두 천연제품임에는 틀림없지만 원재료를 세척하고 가공할 때 불순물 제거와 좀벌레를 막기 위해, 살균과 방부, 정전기 방지를 위해 약품 처리를 피할 수 없다.

천연 소재의 면화도 재배 과정에서 이미 살충제와 제초제에 노출되어 인체에 유입된다. 세계 농약의 10%가 면화 농업에 쓰이고, 신경체계를 교란하는 파라티온과 다이아지논 같은 살충제가 면화 재배에 사용된다. 보존을 위해 섬유를 가공할 때 쓰는 방부제는 크레오소트유• 와 광유(鑛油: 광물성 기름)성분, 다닌 등이 사용된다. 이는 신경계를 교란하는 물질로 장시간 노출 시 인체에 유해하다.

화학 솜은 일명 구름 솜, 폴리 솜, 하이론 솜 등 여러 이름으로 불리는 폴리에스테르 솜이다. 일반 및 고급 제품의 종류가 다양하고 천연 솜보다 세탁, 관리가 쉬워 널리 애용된다. 일간에서는 우리나라 어린이들이 화학솜을 너무 많이 흡입하며 자란다는 일설이 있기도 한데, 사실 이 부분에

크레오소트유
원유를 증류하여 가솔린, 석유, 경유 등 유분을 빼고 남은 벙커시유 추출 물질.

대해 우리는 현재 정확한 연구나 전문가가 없는 실정이다.

베갯속으로 많이 쓰이는 캐시미어 솜은 합성섬유와 같은 위험이 있다. 플라스틱의 일종인 폴리우레탄 기포로 속을 채운 베개도 집먼지 진드기에 안전하다며 한때 유행처럼 대중화되었다. 그러나 폴리우레탄은 동물에게 암을 일으키는 물질로 알려졌다. 건강 소재로 만든 침구도 무조건 믿어서는 안 된다. 숯이나 옥, 게르마늄 등을 이용한 건강 베개의 경우 잘 살펴본 후 이용해야 한다. 숯 자체의 천연성분만 들어간 것이란 생각에 안전하고 좋다고 구매하면 안 된다. 숯가루를 입힌 작은 플라스틱 파이프를 넣어 만든 숯 베개의 경우, 숯가루가 들어갔다고 해도 어차피 환경호르몬이 방출되는 폴리염화비닐(PVC)이 주성분이므로 인체에 해로울 수 있다. 합성수지와 혼합가공해 만든 옥 베개나 게르마늄 베개도 마찬가지다. 아무리 좋은 건강 재료를 넣었다고 해도 주성분에 유해물질이 있다면 안전한 침구로서의 자격은 없다.

침구 교체시기

- 목화솜: 흡습성, 보온성 및 원래 상태로 회복되는 성질이 좋은 천연 소재이다. 7~8년마다 솜을 틀고 관리를 잘하면 30년 이상도 쓸 수 있다. 솜이 누렇게 변하거나 퀴퀴한 냄새가 나거나 평소보다 이불이 무겁다고 느껴지고 따뜻하지 않을 때, 솜 싸개가 더러워졌을 때, 일광소독 해도 숨이 살아나지 않을 때는 솜틀 집에 맡긴다. 3~4회 솜을 틀면 숨이 다시 살아나지 않을 수 있기에 교체한다.
- 명주솜: 목화솜보다 가볍고 따뜻하며, 흡습성이 좋으며 정전기가 없다. 누에고치에서 처음 뽑은 것이 고급 솜이고, 일반 명주솜은 누에고치에서 실을 반쯤 뽑은 후에 나온 것과 번데기에서 나온 것을 합친 것이다. 7~8년에 한 번씩 솜틀 집에 맡겨 솜을 틀면 평생 사용할 수 있다.
- 양모솜: 5~10년 정도 쓸 수 있다. 등급이 높고, 겉싸개에 털 빠짐 방지 가공이 있어야 양모가 빠져나오는 것이 방지된다. 동물성 단백질이기에 습기가 생기면 지방이 변질되어 악취가 생긴다. 통풍이 좋은 그늘에서 말리고, 가끔 일광 소독을 해준다.
  부서진 가루가 커버에 자주 묻어나오면 교체해야 한다.
- 화학솜: 베갯속은 1년, 이불솜은 2~3년에 교체해야 한다. 물세탁이 가능하고 숨이 잘 죽지 않아 실용적이다. 하지만 천연 솜과 비교했을 때 흡습성이 떨어진다. 얼굴과 머리가 직접 닿는 베개는 이불보다 자주 교체해야 한다.

더 알아둘 웰빙 상식

침구 교체시기

- 다운이불: 거위털, 오리털 이불은 관리를 잘하면 10~30년 이상 사용할 수 있다. 겉 커버는 고밀도 원단이나 털 빠짐 방지 가공이 된 것이 위생적이다. 다운이 몰리지 않으려면 입체 퀼팅 방식으로 박은 제품을 사용하는 것이 좋다. 5년마다 커버에 흠이 생긴 부분을 재가공하거나 깃털을 충전한다. 부직포 커버에 넣어 보관하고 장마철에는 수시로 꺼내 통풍을 시켜서 습기 차는 걸 방지한다.
- 매트리스: 일반 매트리스는 5~7년, 투 매트리스는 8~10년에 교체한다. 구매 후 1년간은 2주마다 상하로 바꾸었다가 다시 앞뒤로 교체하여 도로 앞면으로 돌아오기를 반복하고, 1년 후에는 3개월에 한 번씩 같은 과정을 반복하여 길들인다. 장마철이 지나면 그늘에서 말리고, 침대 전문 업체에서 판매하는 방충제를 매트리스에 넣어두고 1년마다 교체한다.
- 라텍스: 고무나무 유액이 주원료라서 곰팡이, 진드기가 번식하지 못해 위생적이다. 잘 관리하면 12년까지 쓸 수 있다. 고무나무 유액이 80% 이상 되는 제품이 천연라텍스이다. 고무 썩는 냄새가 나거나 습기로 곰팡이가 피면 바로 교체해야 한다.

  시트를 자주 갈면 오염을 방지할 수 있다. 습기에 치명적이므로 주 1회는 통풍을 시킨다. 침대 매트리스와 마찬가지로 구매 후 3개월간은 상하, 앞뒤를 바꿔가며 길들이는 것이 좋다. 진공청소기나 스팀청소기를 사용하면 안 되고, 세탁하려면 미지근한 물에 빨아서 짜지 말고 통풍이 잘되는 그늘에서 말린다. 아니면, 진동을 이용해 먼지를 떨어내는 건식 세탁법을 선택한다.

진드기를 없애는 침구관리

우리가 밤새 흘린 땀의 80%를 흡수하는 이불은 진드기의 온상이나 다름없다. 습기가 차면 솜도 단단해져서 포근함이 없어진다. 세탁이 쉽지 않은 침구는 일광 소독을 자주 하는 것이 좋다. 이불을 말릴 때는 햇볕이 좋은 오전 11시에서 오후 2시 사이가 좋으며, 먼지와 진드기가 떨어지도록 탕탕 두들겨 준다.

햇볕은 침구에 들어 있는 수분을 날려보내고 솜 사이 공간에 공기를 충분히 넣어주어 포근한 느낌을 되살려 준다. 세균을 없애는 천연 소독 효과도 얻을 수 있다.

꽃가루가 날리는 봄철에는 바람이 잔잔한 아침 시간을 이용해 이불을 널어 말리자.

세탁이 쉬운 이불 커버나 베개 커버는 자주 세탁하는 것이 진드기를 막는 방법이다.

침구의 일광 소독이 쉽지 않으면 청소를 할 때 청소기로 이불의 앞뒷면을 꼼꼼하게 빨아들이는 방법도 있다. 청소기에 이불 전용 흡입구를 달면 훨씬 수월하다. 청소 후 흡입구는 물로 깨끗이 씻어 말려 사용하는 것이 보다 안전하다.

블라인드와 커튼
— 산들바람에 독소가 소올~ 솔~

플라스틱 블라인드나 화학처리를 한 부직포 버티컬 역시 실내공기의 오염원이다. 특히 햇빛을 받을 때 더욱 많은 양의 유기화합물을 배출한다. 플라스틱 블라인드는 환경 호르몬인 비스페놀A를 공기 중에 방출하고, 제작 과정에 쓰이는 가소제에는 발암물질이 함유되어 있다. 버티컬 중 특히 폴리염화 비닐 제품이 더욱 위험하다.

플라스틱 블라인드를 많이 사용하는 사무실에서는 각종 사무용품에서 나오는 유해물질과 전자파의 피해가 더 심각하다. 또 정전기로 각종 먼지를 비롯한 유해화학물질이 쉽게 침착하는 점도 문제이다.

일반 가정에 가장 많이 설치하는 버티컬 블라인드는 천연, 화학, 유리, 금속, 에어 등 각종 섬유를 특성에 따라 엉기게 하여 시트 모양의 그물을 형성하고 이를 기계적 또는 물리적인 방법으로 결합해 만든 부직포의 평면구조물로서 비스코스 레이온, 폴리에스테르 등이 주재료이다.

버티컬블라인드에 달라붙은 먼지와 유해성분은 햇빛을 통해 더욱 활성화된다. 버티컬블라인드의 해를 줄이려면 중성세제를 약간 푼 비눗물에 낱장을 일일이 떼어 세척한 후 햇볕에 말려 사용하는 게 좋다. 버티컬블라인드를 고를 때도 되도록 민무늬에 그림이 없는 단색을 선택하는 것이 좋다. 그림이나 무늬가 있는 것은 염색 공정이 더해져 유해물질이 더 포함되기 때문이다. 형태도 가로보다 세로

가 좋고 롤 블라인드가 먼지 흡착에 유리하다.

화재에 대비하여 불에 잘 타지 않도록 하는 선방염처리를 한 블라인드를 선택해야 하는데 선방염처리를 하면 일단 인체에 해로운 중금속을 제거하고, 쉽게 불에 붙지 않아 화재의 위험성을 낮출 수 있다.

한지 블라인드는 전통적인 한지를 응용해서 한지로 실을 만들어 롤 스크린 원단으로 만든 블라인드로 한지의 온도조절, 습도조절, 탈취성 등 여러 가지 기능을 발휘하는 원단으로 생활환경 개선에 뛰어난 제품이지만, 100% 한지제품을 구하기가 쉽지 않다.

커튼은 버티컬 블라인드보다 소비자의 취향과 개성을 더 반영할 수 있지만, 그만큼 다양한 위해성을 내포하고 있다. 섬유 자체의 위해성과 함께 광택, 구김 방지 등의 기능을 첨가한 공정과 색상을 내기 위한 염색 과정에서 다량의 화학 염료가 사용된다. 게다가 정전기가 일어 먼지가 잘 달라붙는 성질과 햇빛에 직접 노출되는 커튼의 특성상 섬유에서 발산하는 환경호르몬을 실내 전체에 방출한다.

요즘의 커튼이란 집 안으로 들어오는 직사광선과 틈새 바람을 피하고 내부가 바깥에 노출되지 않도록 하는 본연의 기능을 넘어서 의례적인 실내 장식 기능까지 한다. 아름답고 우아한 커튼이 실내 분위기에 큰 영향을 주는 것이 사실이지만, 묵직하고 고급스러운 대형 커튼이라면 자주 떼어내 세탁하고 먼지를 털어내기가 쉽지 않은 일이다. 아토피나 천식 환자가 많아진 요즘에는 이렇게 관리가 어려운 커튼을 아예 없애기도 하지만 그것이 여의치 않다면 가장 소박한 커튼을 선택해야 한다. 또한, 물세탁이 가능한 천연섬유에 화려한 색상이나 무늬가 없는 것이 좋다.

가장 중요한 것은 면, 리넨, 실크, 울, 모시 등 천연섬유 소재로 만든 커튼을 구매하는 것이다. 그다음으로는 레이온, 리오셀, 대나무 섬유가 좋다. 이런 섬유는 모든 식물에 존재하는 성분인 셀룰로스를 이용해 인공적으로 만든 것[•]이다. 단, 이러한 섬유에도 천연 재료를 쓰는 것이 사실이지만 면, 리넨, 모직처럼 천연 재료가 자연 상태 그대로 보존되지는 않는다. 또한 새 커튼을 구매하면 혹시 섬유에 남아 있는 마감재나 잔류 물질을 제거할 수 있도록 한 번 세탁한 후에 사용하는 것이 좋다.

레이온을 만드는 데 사용되는 셀룰로스는 무명솜, 면헝겊, 종이, 목재펄프를 만드는 데 재사용된다. 또 리오셀은 나무로 만든 셀룰로스 섬유이다. 대나무 섬유로 판매되는 직물 역시 인공제조 된 셀룰로스 섬유로, 성장 속도가 빠른 대나무에서 그 성분을 얻는다.

건강한 섬유 처방전

- 유기농 천연 재료와 자연가공법의 제품을 사용한다.
- 천연소재라도 가공을 가급적 적게 한 것을 선택한다.
- 화학섬유 중에서도 폴리에스테르보다는 레이온이 통기성과 정전기 발생 측면에서 더 나은 편이다.
- 새로 산 옷은 세탁해서 입고, 휘발성 유해물질 발산이 심한 신제품보다는 이월상품을 고르는 것도 지혜로운 방법이다.
- 침구의 경우 세탁이 손쉬운 순면 소재를 사용하고 집먼지 진드기 예방을 위해 얇은 것으로 산다.
- 침구는 햇빛과 바람에 정기적으로 일광소독한다.
- 새로 구매한 침구는 외부에 널어 어느 정도 유기화합물질을 제거한 후 세탁하여 사용한다.

카펫
— 불편한 동거, 스멀스멀 기어 다니는 진드기와 먼지

아름다운 카펫은 실내 분위기를 한결 돋보이게 하면서 바닥의 찬 기운도 막아준다. 그래서 특히 집 안의 중심인 거실 바닥을 카펫으로 마무리하는 집이 많다. 혹은 부분마다 러그를 깔아 색다른 맛을 내기도 한다.

카펫은 마루나 방바닥에서 올라오는 열기를 오래 보존하여 난방비를 10~20% 절약하는 효과를 거둔다. 이와 함께 공기 중에 떠다니는 먼지를 흡착하는 성질과 가정용 조명이 바닥에 반사되는 것을 막아주고 폭신한 느낌 덕분에 피로감을 덜 수 있다.

그런데 카펫과 러그는 대부분 합성섬유로 다른 섬유제품보다 유해물질을 더 많이 첨가해 만든다. 폼알데하이드에 트라이클로로 에테인, 카드뮴, 톨루엔, 솔벤트, 부직포 처리용 수지도 들어 있고 환경호르몬도 방출한다. 특히 새 카펫일수록 더욱 심각한 실내공기 오염을 유발한다.

세월이 흘러 카펫이 마모되면 카펫에서 떨어져 나오는 미세한 섬유조직이 공기 중에 확산되어, 미생물 전달자 역할도 한다. 세탁이 쉽지 않아 먼지가 쌓이고 각종 오염이 배어들면서 털이 빠지면 곰팡이나 진드기의 보금자리가 된다.

면과 양모로 만든 천연섬유 카펫이 좀 낫다 쳐도 이 또한 청소와 세탁이 만만치 않다. 더구나 대부분 가정에는 비싼 천연 소재의 카펫보다 저렴한 인조 섬유 카펫이 더 많이 깔렸다.

이들 인조카펫은 정전기가 쉽게 발생해 집 안의 미세먼지를 모은다. 이렇게 모인 미세먼지는 사람이 걸어 다닐 때마다 공기 중에 확산한다. 그래서 카펫이나 양탄자를 맡아놓은 집은 마루나 타일 바닥을 시공한 집에 비해 먼지가 400배 이상 많다. 또한, 카펫에 기생하는 흰개미를 없애기 위해 흔히 사용하는 클로르데인과 헵타클로르에서도 유독물질과 더불어 환경호르몬이 검출된다.

새 카펫에는 심각한 문제가 있는데 호르몬 교란물질인 데카브로모디페닐에테르(브롬계 난연제)가 상당한 농도로 잔류해 있다는 점이다. 게다가 걸프전 참전 군인들에게 문제가 된 약품이었던 살충제 성분인 퍼메트린과 면역, 생식 체계에 영향을 주는 독성물질인 트리부틸주석(TBT)은 물론 폼알데하이드도 다량 함유되어 있다. 화학섬유 카펫은 연질 플라스틱을 섞어 짜기 때문에 카펫이 닿는 바닥이 따뜻해지면 카드뮴, 톨루엔 등의 유해물질이 더 많이 방출되는 것 또한 감수해야 한다.

아직 면역체계가 약하고, 성장이 왕성한 아이들이 이런 카펫 위에서 뛰어놀 경우 아이들은 미세먼지와 세균, 진드기에 고스란히 노출된다. 어린이 천식이나 폐렴, 카펫에서 발산되는 각종 독성 물질과 환경 호르몬에 의한 면역체계 파괴가 염려되는 부분이다.

두꺼운 카펫일수록 먼지를 더 많이 흡착하므로 깔개가 필요하다면 카펫보다 얇고 가벼우며 조직이 성근 러그를 사용해 보자. 러그는 부분 깔개이므로 청소와 세탁이 훨씬 간편하다. 러그도 화학 합성섬유보다는 천연 소재의 러그를 택하고, 분위기 연출을 위해 깔아놓은 러그는 없애는 게 상책이다. 결국, 카펫은 보기에는 좋으나 제대로 관리를 하지 않으면 우리의 건강에 위험을 주는 동거하기 불편한 존재이다.

건강한 카펫 처방전

- 합성섬유로 만든 카펫은 피하고, 플러시 천(길고 보드라운 보풀이 있는 천)이나 거친 털로 짠 카펫은 더욱 피한다.
- 플러시 천이나 거친 털로 만든 카펫보다는 촘촘하게 짠 직물 카펫이 좋다. 그러나 촘촘한 천연직물 카펫은 살충제의 위험이 있다.
- 새로 산 카펫은 며칠 동안 밖에서 널어 두었다가 사용한다.
- 통기성이 좋아 진드기가 살기 힘든 카펫을 선택하는 것이 좋다.
- 실이 잘린 채로 마감된 커트 타입보다는 둘둘 말려 있는 루프 타입이 좋다.
- 가장 관리가 쉬운 것은 타일 타입의 카펫이다. 햇볕에 널거나 물세탁도 가능해 진드기 퇴치에 도움된다.
- 카펫에 어린아이를 앉힐 때는 깨끗한 담요나 천을 깔아주어 직접적인 노출을 피한다.
- 청소할 때는 흡입력이 좋은 청소기로 반드시 뒷면까지 청소한다. 세 번 번갈아 앞뒷면을 청소하면 카펫에 남아 있는 납을 약 50%까지 줄일 수 있다.
- 일반 청소기는 카펫의 먼지를 5~15%만 제거할 뿐이니 고성능 진공 청소기가 좋다.
- 청소기로 카펫의 먼지를 빨아들이기 전에 굵은 소금을 미리 뿌려둔다. 소금이 먼지와 수분을 흡수해서 카펫이 한결 깨끗해지고 색상도 선명해진다.

건강한 카펫 처방전

- 스팀 청소기를 활용하는 것도 카펫 소독에 도움이 된다. 뜨거운 김을 쐰 후 햇볕에 널어 말린다.
- 부분적으로 오염이 발생한 경우에는(간장이나 콜라, 커피 등을 쏟았다면) 마른 수건이나 휴지를 대고 주먹으로 두드려 재빨리 흡수시킨 뒤 중성 세제를 푼 더운물을 얼룩에 묻히고 수건으로 두드리듯 닦아내면 된다.
- 신문지를 카펫 위에 깔고 말아서 눕혀 보관하면 습기와 변형을 어느 정도 막을 수 있다.

옷
— 몸에 두르는 독소

"더러운 빨래(Dirty Laundry)" 국제환경보호단체인 그린피스(Green Peace)의 최근 보고서이다. 이 보고서는 주요 의류 생산 국가인 중국, 베트남, 필리핀 등에서 생산되는 세계적인 유명 의류 브랜드인 아디다스, 컨버스, 캘빈클라인, 폴로 등을 조사한 결과 78개의 브랜드 중 3분의 2 이상의 브랜드에서 NPEs(노닐페놀 에톡시레이트)가 검출되었다고 폭로했다.

NPEs는 내분비계 장애 추정 물질로 환경호르몬의 일종이며, 계면활성제(주방용 세정제)의 원료로 이용된다. 결국, 옷을 입을 때 성호르몬과 유사한 작용을 하는 환경호르몬에 고스란히 노출된다는 것이다. 남성에게는 발기부전과 무정자증을 유발시켜 불임의 원인이 되고, 여성에게는 기형아 출산 등의 문제를 일으킬 수 있으며 호흡기와 피부질환이 생긴다.

우리 몸을 보호하기 위해 입는 옷이 우리의 몸을 공격한다! 왜 우리는 유해한 옷을 입게 되었는가?

20세기 초부터 처음 일반에게 소개된 인조섬유는 산업화와 더불어 대량생산되고 화학기술의 발달로 상업화되면서 의류가 공산품으로 인식되었다. 이는 곧 옷이 화학제품의 부산물이라는 것을 인정하면서 굳이 누구도 옷의 위해성을 논하지 않았다. 경제적 도구로써의 옷은 건강한 옷의 본질을 외면했다. 결국, 옷은 사람을 병들게 하고 세계화의 추세에서 가난한 나라 사람들의 건강과 인권마저 착취하는 화려한 패션계의 그늘을 드리우며 성장해 갔다. 우리가 늘 입고 다니는 다양한 옷의 진실을 하나씩 벗겨보면 경제, 사회, 국제적 이슈까지 복잡하고 심각하다. 적어도 우리는 건강한 옷의 비밀을 찾아야 한다.

원래 옷의 재료는 식물의 섬유질에서 얻어지는 면과 마, 누에고치에서 얻어지는 견, 여러 가지 피혁과 모피 등 자연 재료에서 얻어졌고 분해 역시 자연적으로 이루어졌던 것들이다. 천연섬유는 흡습성이 좋고 정전기가 없어 일반 의류는 물론 속옷과 유아용 의류, 거즈와 붕대에도 제격이었다.

그러나 천연섬유는 대체로 생산비용이 많이 들고 생산량과 품질이 자연조건에 영향을 많이 받는다. 또한, 가공에도 한계가 있어 굵기 조절이 어렵고 견 섬유를 제외하고는 광택이 적으며 강도가 약해 산업용으로 쓰기에는 제약이 많다.

그러다 면화가 플랜테이션 농업•으로 세계 곳곳에서 재배되면서 사정이 달라졌다. 우리도 1960년대 후반까지 면화를 생산했으나 다국적기업이 값싼 면화를 대량 공급하자 자취를 감추었다.

플랜테이션 농업으로 재배되는 면화에는 다량의 살충제와 제초제가 사용된다. 세계보건기구에서 위해성을 경고한 살충제 파라티온과 다이아지논 문제는 심각할 지경이다. 또한, 이렇게 재배한 면화를 20개 이상의 공정을 거쳐 면섬유로 가공하며 첨가하는 유해화학물질은 천연섬유의 위상을 망가뜨리고 만다.

천연섬유도 그러한 지경이니 화학섬유에 대해서는 두말할 필요가 있겠는가. 레이온, 아세테이트 같은

플랜테이션 농업

넓은 농지에 한 가지 종류의 농산물을 재배하는 것으로 병충해의 피해를 줄이기 위해 사용하는 살충제는 생태계 파괴는 물론 토양을 황폐화시키고, 선진국의 차관에 의해 후진국의 자본이 잠식되는 악순환이 계속된다.

재생섬유는 목재펄프와 아세테이트산을 원료로 화학적으로 조합한 인공섬유이다. 그리고 현재 옷감의 재료로 가장 널리 활용되는 합성섬유는 알다시피 석탄이나 석유의 정제 과정에서 얻어지는 합성 고분자가 원료이다. 이렇게 얻어진 분자를 길게 결합, 합성하여 만든 섬유로, 쉽게 말하면 플라스틱을 가늘고 길게 늘여 만든 것을 실로 짠 옷감이다. 합성섬유는 이 합성 고분자의 종류에 따라 크게 나일론, 아크릴, 폴리에스테르, 폴리우레탄으로 나눈다.

합성섬유는 생산이 쉽고 가격도 저렴하다. 고강도의 특수섬유도 만들 수 있고 굵기나 길이 조절이 쉬워 산업과 여러 분야에 응용할 수 있다. 하지만 흡습성이 나빠 세탁 시 빨리 마르는데 그것은 정전기 발생이 쉽다는 말이기도 하다. 또 정전기 방지, 자외선 차단, 전자파 차폐가공 등 실로 다양한 기능을 부가할 수 있는 장점은 동시에 결정적인 단점이기도 하다. 결국, 기능을 위해 화학약품을 입히는 셈이니 피부알레르기나 아토피를 유발하는 것은 어쩌면 자초한 결과인지도 모른다. 물론 폐기할 때도 분해 과정에서 토양을 오염시키고, 소각하면 다이옥신을 방출하여 합성섬유는 태어날 때처럼 사라질 때도 자연을 거스른다.

물론 지금은 천연섬유와 합성섬유를 막론하고 대동소이한 화학공정이 시행된다. 구김과 수축을 방지하기 위해 합성수지를 입히는 방축 가공, 영구다림질을 위한 폼알데하이드의 첨가, 고무아스팔트나 실리콘 수지를 이용한 방수 가공, 항균 살균제 처리, 프린트와 염색 등등.

옷에 사용된 다양한 화학물질은 세척 후에도 섬유조직에 잔류하여 호흡기와 피부를 통해 인체에 들어와 피부호흡과 노폐물 배출을 방해한다. 두통이나 천식, 호흡기 질환, 발진, 가려움 등이 만성 질환이 된 것은 바로 우리 생활 속 어디에나 침투한 화학물질 때문이다. 화학 산업이 급속도로 팽창하기 이전 시대에는 그런 질병이 이렇게 세계적으로 광범위하고 만성적으로 생활에 자리 잡지는 않았다.

현재 우리 일상에서 사용하는 옷감 중 80% 이상이 합성섬유라는 점을 감안하면 우리 생활이 80%만큼 환경 호르몬과 화학물질에 노출되어 있다고도 볼 수 있다. 영국의 한 소비자단체에 의하면 뜨거운 물에 일곱 번 세탁한 면제품에 폼알데하이드가 남아 있었다고 한다. 그 정도로 잔류 화학물질은 생각보다 끈질기다. 최선의 대안은 덜 화학적인 옷을 선택하고, 안전하게 관리하면서 입는 것뿐이다.

화학물질의 위해성을 최소화하려면 옷 관리에도 주의를 기울여야 한다. 순면제품의 옷도 입기 전에 세탁을 먼저 하는 것이 안전하다. 옷을 세탁할 때 식초를 한 컵 넣으면 유해성분을 제거하고 정전기 발생도 막아준다.

또 기능성이 강화되었거나 화학적 요소를 첨가한 현란하고 진한 염색 옷은 피하는 것이 좋다. 또한, 이월상품을 이용하는 것도 휘발성유기화합물의 잔류량이 적은 옷을 선택하는 한 방법이다. 더욱 현명한 소비자는 정직한 옷을 선택함에 있어 공정무역을 통한 건전한 소비문화를 주도해 갈 수 있어야 한다.

공정무역이란?

한마디로 국가 간 동등한 위치에서 이루어지는 무역을 말한다. 최근 다양한 상품을 생산하는 데 공정한 가격을 내도록 촉진하기 위한 국제적 사회운동으로 추진되고 있다. 이 운동은 윤리적 소비 운동의 일환이며, 그 대상은 개발도상국에서 선진국으로 수출되는 상품으로 농산물이 주종을 이룬다. 공정무역은 기존의 국제무역 체계로는 세계의 가난을 해결하는 데 한계가 있다는 인식 아래 1990년대부터 시작되었다. 생산자와 소비자 간의 직거래, 공정한 가격, 건강한 노동, 환경 보전, 생산자의 경제적 독립 등을 포함하는 개념이다. 가난한 제3세계 생산자가 만든 환경친화적 상품을 직거래를 통해 공정한 가격으로 구매하여 가난 극복에 도움을 주고자 하는 데 그 목적이 있다.

출처: 시사경제용어사전, 기획재정부, 2010. 11.

드라이클리닝
— 석유로 한 빨래

드라이클리닝은 물세탁이 불가능한 모직물이나 실크 등을 유기용제를 이용해 세척하는 건식 세탁법을 말한다. 드라이클리닝을 할 때는 세탁하기 전에 아세톤 같은 브러싱액을 묻힌 솔로 얼룩이 있는 곳을 두드리고 퍼클로에틸렌(사염화에틸렌)이라는 석유계용제나 세탁용 벤젠을 물에 희석시켜 세탁기에 돌린다. 이때 세제, 물, 석유계용제의 비율은 1:1:8이다. 이를테면 기름으로 빨래를 하는 것이다.

유기용제는 탈지력(脫脂力)이 뛰어나므로 의복에 유지와 결합하여 붙어 있는 때의 유지막을 파괴시켜 떨어뜨리고, 때 자체가 유지성인 것은 용제에 녹아서 제거된다.

그런데 퍼클로에틸렌을 흡입할 경우에는 어지럼증, 신체조절 능력 상실, 기억력 감퇴 및 피부염은 물론 암도 유발할 수 있다. 퍼클로에틸렌은 유럽공동체(EU)에서 두통과 구토, 언어 장애를 일으키는 위험물질로 지정하고 있으며, 솔벤트는 피부염증과 호르몬 계통의 이상을 일으킬 수 있다. 벤젠은 기형을 일으키는 유전인자를 만들거나 백혈병, 재생 불량성 빈혈 등의 원인이 된다. 같은 드라이클리닝 용제인 트라이클로로 에테인 역시 호흡과 피부를 통해 흡수되고 산모의 태반을 통과하는 것으로 알려졌다. 면역기능을 약화하고 두뇌와 간을 손실시키며 우울증 외에도 심장마비나 암의 원인이 된다.

드라이클리닝을 한 의류의 비닐 커버를 제거하고 즉시 실내로 반입하였을 경우 의류가 실내 반입된 초기부터 총휘발성유기화합물(TVOC)의 농도가 1시간 경과 시 3,248.22㎍/㎥, 2시간 경과 시

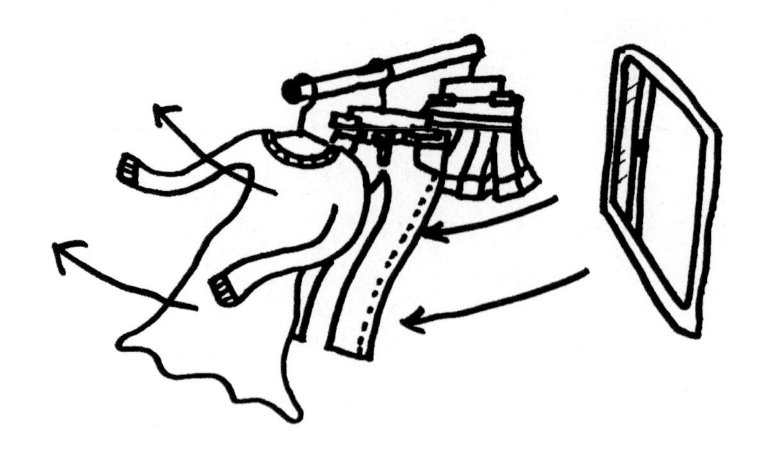

5,052.92㎍/㎥, 3시간 경과 시 5,472.46㎍/㎥으로 시간 경과에 따라 농도가 크게 증가하는 것으로 나타났다. 이는 일본의 후생성 권고 기준 농도(400㎍/㎥)보다 높은 수치이다.

옷이나 이불을 드라이클리닝 하면 오염을 제거할 수는 있지만, 세탁에 사용된 유기용제의 독성은 남아 있으므로 주의해야 한다. 드라이클리닝 제품을 바로 입거나 비닐도 벗겨 내지 않은 채 장롱에 넣거나 머리맡에 걸어 두는 것은 옷에 남아 있는 화학 성분이 방출되어 호흡이나 피부를 통해 인체에 흡수될 수 있기 때문에 좋지 않다. 반드시 며칠 동안 바람을 쐬어 유해물질을 충분히 휘발한 뒤 보관할 때는 비닐 캡을 벗기고 군데군데 구멍을 뚫은 천연 광목을 옷덮개로 사용하는 것이 좋다.

드라이 클리닝한 옷을 창문을 닫은 차에 넣고 햇빛을 받으며 운전하는 것도 삼갈 일이다. 신경계를 교란하는 화학물질이 차 안의 열기에 쉽게 휘발되어 졸음을 일으키고 집중력을 떨어뜨리기 때문이다.

아크릴이나 혼용섬유의 옷 가운데에 반드시 드라이클리닝을 해야 하는 옷은 의외로 많지 않다. 대부분 첫 세탁 때에만 드라이클리닝을 해주고 그다음부터는 울 샴푸를 이용해 찬물에 손세탁이 가능한 옷이 많다. 불필요하게 드라이클리닝을 해서 돈과 건강까지 망치는 일을 하는 것은 일거양실(一居量失)의 우매한 행위이지 않을까.

종이류
— 하얄수록 위험해요

종이는 더 이상 천연제품이 아니다. 화학공학의 산물일 뿐이다. 종이가 왜 인체에 유해하다고 할까? 알다시피 종이의 주원료는 나무이다. 그럼에도 불구하고 종이공장에 들어서면 향긋한 나무 향내는 어디 가고 지독한 달걀 썩는 냄새가 코를 찌른다.

종이는 나무를 자잘하게 조각낸 뒤 황산염에 넣어 펄펄 끓여 펄프로 만든다. 펄프 덩어리를 물에 풀어 부드럽게 만든 후 이 물질을 제거하여 깨끗해진 펄프를 다시 걸러낸다. 여기에 물을 첨가해 펄프를 다시 희석하고 이렇게 물에 녹인 펄프를 큰 관 위에 일정하게 분사한다. 여기에서 수분을 제거하고 남은 마른 펄프판 상이 바로 종이 혹은 화장지로 탄생하는 것이다. 대부분 제지는 이런 과정을 거쳐 만들어지지만, 여기에서 생산 공정에 종이를 하얗게 하거나 질기게 하기 위해 투입하는 약품이나 부재료에 따라 다양한 용도의 종이와 화장지류로 구분되어 슈퍼마켓으로 간다.

미용 티슈나 냅킨, 키친타올은 물을 잘 흡수하고 습기에 강한 성질이 필요하다. 그래서 과거 이들 제품에는 습윤지력증강제와 함께 습기에 견디는 힘을 강화하기 위해 폼알데하이드를 첨가했다. 그러나 현재는 폼알데하이드가 유해물질로 분류되어 정상적인 제지공정에는 사용하지 않는 것으로 알려졌다.

나무의 색이 아무리 연해도 하얗게 하려면 펄프를 표백해야 한다. 이때 사용하는 화학물질이 바로 끔찍한 염소이다. 바로 종이와 화장지류에서 가장 문제 되는 폴리염화바이페닐과 중금속이다. 목재를 펄프로 만들 때 여러 번에 걸쳐 불순물을 제거하는 데 염소가스가 사용되고 이때 폴리염화바이페닐이 다이옥신과 함께 생성되는 것으로 밝혀졌다. 또 과산화수소수, 폼알데하이드, 염소 등을 이용한 표백 과정에 사용되는 염소계 표백제는 다른 화학물질과 반응해 인체에 위협적인 2차 합성물을 만드는 유해물질이다. 이런 염소계 화합물은 독성이 강하고 잔류성이 높은 특징이 있다.

치명적인 발암물질로 알려진 다이옥신도 염소계 화합물 중 하나이다. 폴리염화바이페닐과 다이옥신 모두 암을 유발하는 독성 물질인데다 특히 폴리염화바이페닐의 경우 생물체에 성교란을 일으킬 수 있는 대표적인 환경호르몬으로 알려졌다. 퓨란은 다이옥신류의 일종으로 호흡기 장애와 암 등을 유발한다. 이런 이유로 염소가스 공정을 대체하기 위해 현재 유기산이나 아세트산을 대체하거나 과산화수소를 이용한 공법 등이 개발되는 추세이다.

수은, 카드뮴 등의 중금속과 형광표백제• 문제 또한 심각하다. 이는 주로 재활용 펄프를 주원료로 하는 화장실용 두루마리 휴지나

주유소에서 나눠주는 화장지, 냅킨 등에서 문제가 된다. 국내에서 판매되는 화장실용 휴지는 대부분 한번 인쇄되었던 종이를 원료로 하는 재생 펄프가 주원료이다.

현재 사용되는 잉크 중 색을 내는 성분에는 중금속 성분이 많이 섞이기 때문에 아무리 철저하게 기존의 잉크를 씻어낸다 해도, 재생 펄프에는 중금속이 남아 있을 수밖에 없다. 특히 재생 펄프는 천연 펄프에 비해 색이 어둡고 탁하기 때문에 이를 표백하기 위해 각종 형광물질을 첨가한다.

우리 일상생활 속에서 형광 물질이 첨가된 제품을 찾아보면, 물티슈, 화장지, 키친타월, 행주, 와이셔츠, 양말, A4 용지, 세제, 면봉, 기저귀 등 셀 수 없이 많다. 형광 물질이 들어간 제품들은 신체나 호흡기에 노출되면 아토피나 암을 유발할 수 있으며, 형광표백제에 오염된 음식을 먹을 경우 장염이나 소화기 장애 증상이 생길 수도 있고 주부습진을 일으켜 피부가 빨갛게 부어올라 가렵거나 피부가 벗겨지는 증상을 일으키기도 한다.

우리나라에서는 소비자의 기호 때문인지 다른 나라에 비해 형광표백제를 더 많이 사용한다고 한다. 재생 화장지는 재생상태 그대로의 빛깔일 때 더 안전하다. 형광표백제를 사용한 화장지를 눈으로 알아보기는 힘들다. 하지만 불을 끄고 자외선램프를 비추면 형광표백제가 들어간 것은 푸른색, 그렇지 않은 것은 어둡게 보인다. 재생펄프를 사용한 제품이 깨끗한 흰색이라면 형광표백제의 사용을 의심해볼 만하다.

형광표백제

형광증백라고도 한다. 상품 가치를 높이기 위해 제품을 하얗게 만드는데, 이때 첨가하는 물질로 빛을 받으면 더 희게 보이는 효과를 낸다. 이 물질은 피부암과 피부질환을 일으킬 수 있는 물질이다.

형광표백제 사용 제품을 피하려면 지나치게 하얀색을 내는 것은 피하고 '무형광'이라는 표시가 있는지 본다. 100% 천연펄프로 만든 제품이면 가장 좋지만, 재생펄프를 이용해서 만들었더라도 형광표백제를 넣지 않아 약간 누런색을 띠는 것이면 괜찮다.

▷ 미용 티슈와 아기용 물티슈

물티슈는 편리하고 휴대하기 좋아 아이를 키우는 가정에선 필수품으로 자리 잡은 지 오래다. 그러나 발암물질이 기준보다 7배나 높게 검출된 대기업 물티슈와 2011년에는 일부 물티슈의 항균기능물질이 피부질환을 유발한다는 언론보도는 소비자를 혼란스럽게 한다. 몇몇 아기용 물티슈에 화장품의 3배나 많은 방부제가 포함됐다는 것도 한 시민단체에 의해 드러났다. 한때 아기용 물티슈에서 기준치의 7배나 되는 폼알데하이드가 나와서 시끄러운 적도 있었다.

게다가 전국을 충격으로 몰아넣은 가습기 살균제의 사망사고 독성물질 4종이 물티슈 30개 제품 중 23개 제품에서 검출된 사실은 우리를 경악하게 한다. 일부 물티슈에 사용된 4종의 독성물질은 120여 명의 목숨을 앗아간 가습기 살균제의 원인이 된 물질로 호흡기를 통해 인체에 들어왔다는 얘기다. 이 물질을 흡입시 폐가 굳어지는 현상이 나타나는 것으로 알려졌다. 그뿐만 아니라 피부 노화를 촉진하는 멜라닌 색소가 3배 이상 발생하고 피부질환과 아토피성 피부병을 유발한다는 보고도 속속 발표되고 있다. 소중한 내 아이에게 매일 쓰는 물티슈가 아니었던가.

화장을 지울 때처럼 피부와 직접 닿는 용도로 쓸 때는 천연펄프로 만든 미용 티슈를 쓰는 것이 낫고 두루마리 화장지는 화장실용으로 쓰되, 무늬가 있거나 향기가 나는 것은 피한다. 향료나 염료가 들어가 있기 때문이다. 두루마리 화장지로 얼굴을 닦거나 땀을 닦는 등의 습관은 버리는 것이 좋다. 주유소 등지에서 주는 판촉용 휴지에는 형광표백제가 50% 이상 들어 있다는 한국소비자원의 조사 결과도 있었다. 이런 종류의 휴지는 차나 유리의 먼지를 닦는 용도 정도일 뿐이다.

편리함을 추구하는 시대라고는 하지만 건강보다 우선될 것은 없다. 유해물질에 대한 불안도 불안이지만 환경을 생각한다면 물티슈를 적게 쓰고, 거즈 수건을 자주 빨아서 쓰는 것이 낫다. 거즈 수건도 하얀색보다는 유기농 매장에서 판매하는 약간 누런색의 무표백 제품이 좋다.

▷ 식당용 냅킨

식당의 냅킨으로 입 주변을 닦으면 붉은 발진이나 가려움증, 부풀어 오름 등이 일어날 수도 있다. 또한, 냅킨 위에 수저를 올려놓고 음식물을 먹는 것도 나쁜 습관이다. 식탁 위의 위생이 걱정이라지만 대장균 정도라면 냅킨의 화학물질보다 나을 수도 있다. 또 집에서 키친타월을 깔아 음식을 담거나 세척한 그릇의 물기를 닦는 데에 사용하는 것도 좋지 않다. 특히 명절에 전을 부칠 때 기름을 빼기 위해 종이타월을 깔아 전을 올려놓는 것은 기름기 때문에 더욱 위험하다. 기름이 종이의 화학물질을 용해해 음식에 들러붙게 하기 때문이다. 간편하게 즐겨 마시는 티백용 차의 경우 화학적으로 처리한 티백에서 소량일지라도 다이옥신이 검출된 사례가 있었으니 차를 우리는 티백도 주의대상이 되고 말았다.

그렇다면 형광물질 없이는 재생휴지를 만들 수 없는 걸까? 해답은 바로 우유 팩에 있다. 폐 우유갑을 활용해서 휴지를 만들면 형광물질을 쓰지 않고도 하얀색의 휴지를 만들 수 있지만, 현재 국내의 폐 우유 팩 수거용은 전체의 20%에 불과해서 나머지를 미국에서 수입해 오는 실정이다. 이렇게 수입하는 우유 팩은 국내에서 수거되는 우유 팩보다 30%나 비싼 값을 지급해야 한다.

30년 자란 나무 30그루를 잘라야 펄프 1톤이 나온다고 한다. 우리나라가 연간 30만 톤의 펄프를 소비한다는 점을 감안하면 다 마신 우유 팩 하나가 가진 의미가 새삼스럽다. 우유 팩을 따로 모아서 내놓는 것만으로도 자연을 보호하고 자원도 아낄 수 있으며, 우리의 건강을 해치는 형광표백제도 물리칠 수 있다.

▷ 신문과 책

코끝을 휘감는 신문지의 잉크 냄새는 예나 지금이나 여전한데 한 때는 그것이 환경호르몬과 화학 독소라는 사실을 모른 채 애지중지했던 시절이 있었다. 종이 자체가 귀한 때에 신문과 책은 정말 버릴 것 없이 전천후로 쓰였다. 따끈한 국화빵도, 소라와 번데기도, 풀냄새도 안 가신 사각의 신문지 봉투에, 혹은 깔때기 모양 삼각봉투에 담겨 팔렸다. 방을 도배하는 초배지로도, 밥상을 덮는 밥상보로도, 붓글씨 연습을 위한 연습지로도, 무말랭이를 말리는 밑자리로도 어김없이 신문이 사용되었다. 고기 한 근이 최고의 선물이었던 시절의 신문지 글씨 자국이 선명한 고기 한 덩어리는 지금도 기억나는 때 묻은 추억이다.

그러나 최근 펄프를 만들 때 혼합하는 화학물질과 더불어 인쇄용 잉크의 화학 성분으로 책과 신문지의 유해성이 알려졌다. 특히 흑백보다 컬러 잉크의 독성이 훨씬 강한 것으로 알려졌다.

새 책에서 특히 심한 냄새가 나는 것은 인쇄 잉크에 포함된 휘발성 유독물질이 아직 날아가지 않았기 때문이다. 신문은 인쇄되어 가정에 배달되기까지의 시간이 그리 길지 않고, 윤전기에서 빠르게 찍어내기 위해 성능이 우수한 인쇄 잉크를 사용하기 때문에 그 독성이 더욱 가중된다.

인쇄에 사용되는 화학물질로는 색을 내는 염료, 안료 등의 색료와 이를 종이에 옮기고 고착시키는 비이클, 색을 보색 하기 위한 소량의 보색제와 분산제도 첨가되고, 거품제거제, 곰팡이제거제, 자외선 흡수제 등 수많은 화학물질이 사용된다. 따라서 인쇄용 잉크에는 암모니아, 폼알데하이드, 페놀, 톨루엔, 자일렌 등의 온갖 화학물질이 들어 있다. 이런 물질들은 알레르기 반응을 일으키거나 두통, 메스꺼움 등의 경미한 반응에서부터 암을 유발하는 발암성 물질까지 다양하다.

새 교과서를 받는 새 학기 때면 '새책증후군'으로 두통을 호소하는 아이들이 있다고 한다. 새 책의 화학 성분들이 어린이들의 호흡기나 피부에 영향을 미쳐 두통, 알레르기성 비염, 천식, 아토피성 피부염 등 피부질환을 일으키고는 근육에도 영향을 주고 장기적으로는 근시를 일으키는 원인이 된다. 그뿐만 아니라 천식이나 아토피성 피부염 등 이미 알레르기성 질환이 있거나 앓았던 적이 있는 어린이라면 재발의 위험이 있다고 하니 어린이들에게 인쇄 잉크가 더 치명적이라는 것을 알 수 있다.

요즘은 가정에서도 복합기와 프린터 등의 사무용 기기 사용이 급격히 늘어나 특히 어린이와 청소년에 대한 노출에 주의가 필요하다. 인쇄 잉크 속 휘발성유기화합물에 의한 일반적인 제 증상과 함께 면역기능과 해독력의 저하를 가져다주는 원인이 되는데다, 사무용 기기 사용 시 문제가 되는 오존과 전자파의 복합 작용으로 만성 피로, 두통, 집중력 장애를 불러올 수 있기 때문이다.

인쇄 잉크의 폐해를 받지 않으려면 밀폐된 공간에서 책을 읽고 사무기기를 사용하는 것을 자제하고 인쇄 잉크가 피부에 닿지 않게 해야 한다. 서점이나 서재에서 장시간 책을 읽고 만지는 것을 피하고, 새 책, 특히 비닐 포장으로 밀봉되어 있던 새 책의 경우는 환기되는 곳에서 전체적으로 책장을 넘기고 털어내어 유독 화학 성분이 날아가도록 하는 것이 좋다. 또 복사와 인쇄를 할 때는 창문을 열어 반드시 환기 해야 한다.

일부에서는 환경과 건강을 위해 콩기름 잉크를 사용하기도 한다. 콩기름 잉크도 중국산 콩기름 30~60%, 석유 화합물로 만든 용제와 안료가 10% 정도 첨가되므로 완전 천연 기름은 아닌 셈이지만 석유잉크에 비해 상대적으로 안전하다. 석유잉크를 사용하면 인쇄와 윤전기세척 과정에서 다량의 솔벤트유가 가스 형태로 방출된다. 그러나 콩기름 잉크는 휘발성유기화합물의 발생량을 10분의 1 이하로 줄일 수 있어 인체와 환경에 덜 유해하다.

또한, 콩기름 잉크는 생분해성이 좋아서 인쇄용지를 재활용할 때 잉크를 빼내는 작업이 용이할 뿐 아니라, 솔벤트유 잉크에 비해 독성이 훨씬 덜하고, 중금속 성분이 적어서 쓰고 남은 폐 잉크에 대한 처리도 비교적 쉽다. 인쇄 및 재활용 과정에서 유해 부산물이 훨씬 적게 생성되기 때문이다.

더 알아둘 웰빙 상식

지난 신문 안전하게 보관하기

- 신문은 가능하면 모아두지 않는다.
- 재활용을 위해 보관할 때는 실외에 둔다.
- 통풍이 잘되는 베란다나 마당에 두는 것이 좋다.
- 신문으로 음식을 덮지 말고, 특히 채소 등을 볕에 말릴 때 신문을 깔지 않는다.

위생용품과 미용용품

일회용 기저귀와 여성 위생용품

▷ 일회용 기저귀

일회용 종이 기저귀는 이름과 달리 종이라고 할 수 없다. 사실 종이의 함량은 50% 미만이고 나머지 50% 이상의 구성 성분은 폴리에틸렌과 폴리프로필렌, 접착제, 포장재 등이며 피부에 닿는 걸 커버는 합성수지이다. 게다가 표백제, 탈취제, 항균제와 함께 오줌을 젤 형태의 고체로 만들어주는 기능을 하기 위해서 화학약품 처리를 한다.

또 기저귀의 미관 치장을 위하여 사용하는 염료 성분은 합성 섬유로 염색하는데 이런 염료로 일부 아기들에게 발진이나 두드러기 같은 피부질환이 나타나기도 한다.

피부에 직접 닿는 일회용 종이 기저귀는 아기의 피부를 통해 직접 유해 화학물질을 전달하고, 통풍이 좋지 않은 데다, 소변을 두세 번 본 후에 갈아주므로 기저귀 발진 같은 피부질환을 일으키기도 한다. 이러한 여러 문제는 아이의 비뇨기 계통에 나쁜 영향을 줄 수 있으며, 생식기 발육을 저해하기도 한다. 여아의 경우 생식기 깊숙한 곳에 생기는 발진은 자라면서 습진의 원인이 되어 지속적인 고질병이 되기도 한다.

반면 천 기저귀는 환경성과 경제성에서 우수하고 무엇보다도 보건과 위생 면에서 아기들에게 좋다. 그런데 최근 안전하다고 믿어온 천 기저귀와 손 싸개, 손수건 등 유아용품에서 형광표백제가 검출되어 논란이 불거졌다. 다행히 일회용 기저귀와 물티슈에서는 검출되지 않았는데 유독 유아용 섬유제품에서만 형광표백제가 검출된 이유는 이들 제품이 공산품으로 분류되어 형광표백제에 대한 규제가 따로 없었기 때문이다. 더 큰 문제는 이 형광표백제가 아기의 입이나 피부를 통해 인체로 유입된다는 점이다.

이런 와중에도 자발적으로 형광표백제를 사용하지 않은 천 기저귀를 만들어내는 바람직한 업체들이 존재한다는 보도가 큰 위안이 되었다. 따라서 천 기저귀를 선택할 때도 무형광 제품인지를 확인하고 기왕이면 유기농 면제품을 사용하는 것이 더욱 안전할 것이다.

요즘은 외출 시나 밤에 사용하기 좋은 일회용 천 기저귀나 세탁 후 갤 필요가 없는 땅콩 모양 천 기저귀 같은 좋은 아이템도 속속 선보이고 있어 실용과 편리함을 함께 잡을 수 있다. 또 천 기저귀를 대여하고 세탁, 다림질 후 배달까지 해주는 신종업종도 활성화되어 주부들의 일손을 덜어주는 데 한몫하고 있다. 물론 이런 업체를 선택할 때에는 확인해야 할 사항들이 있다. 천 기저귀의 종류와 세탁법, 유아용 전문 세제나 유연제의 사용 여부, 삶고 건조하는 과정에서의 살균 소독 방법, 포장재질 등을 신중히 알아봐야 함은 물론이다.

사용량이 급증한 일회용품 중 아기용 물티슈도 빼놓을 수 없다. 아기가 볼일을 볼 때마다 씻어주는 번거로움이 없어 단연 인기지만 이 역시 화학약품이 들어가 있다는 사실을 알아야 한다. 물티슈를 꽉 짜면 약간의 거품기와 미끈함을 느낄 수 있는데 이것은 알코올과 미정제 세제 때문이다. 수분이 있는 종이를 장시간 유통하고 오염 제거 기능을 부여하기 위해서는 모종의 화학처리가 필수적이다. 그러니 면역력 약한 아기들 피부가 무사할 리 없다.

외출 시나 불가피한 경우를 제외하고는 무형광의 천 기저귀를 사용하고 부드러운 거즈 수건이나 흐르는 물로 씻어주는 것이 아기에게는 가장 안전하고 쾌적하다. 씻어 준 후에는 피부를 완전히 말려주어 습기가 차지 않도록 하고, 유해 화학물질과 용변 후 암모니아 독성에 노출되지 않도록 하는 것이 아기 피부의 발진이나 아토피를 차단하는 길이다. 외출 시 부득이하게 종이 기저귀를 착용시켰다면 자주 갈아주고 몸에 꼭 끼는 옷을 입히지 않는 게 좋다. 또한, 통풍을 방해하는 아기 띠로 아이를 조이는 것을 삼가야 한다.

▷ 여성 위생용품-이브의 반란

여성은 일생의 8분의 1 동안 약 500번의 생리를 하고, 여성 1명이 평생 약 1만 5,000여 개의 일회용 생리대를 쓰며, 한국에서만도 한해에 2,500억 원 이상, 25억 개 이상의 생리대가 팔려나간다고 한다. 그런데도 정확한 생리대의 원료나 제조과정에 대해서는 비밀에 부쳐져 있다.

일회용 생리대는 표지와 흡수제, 방수막으로 구성되어 있다. 표지에는 폴리에틸렌 필름이나 레이온, 식물섬유, 인조섬유, 혹은 그 혼합섬유가 사용되고, 흡수제에는 고분자 흡수제가 쓰인다. 방수막에는 폴리에틸렌, 폴리 프로필렌 필름류의 화학 성분이 들어간다. 어느 제조사의 경우 플로에틸렌 필름, 흡수지, 부직포, 면상 펄프, 고분자 흡수제 등을 주성분으로 표기하고 그 이상의 것은 제조상의 비밀이라는 이유로 공개를 거부했다.

1971년 우리나라에서 일회용 생리대가 처음 출시된 이래 생리대는 여성의 활동성을 증가시켜주는 대신 월경통과 피부의 짓무름, 가려움증과 불쾌한 냄새를 대가로 지급해야만 했다. 생리대로 인한 알레르기 증상으로는 피부염을 일으킨 연구결과가 있고, 최근 20~30년 사이에는 자궁내막증과 자궁근종, 자궁암, 질염 등 여성의 자궁질환이 급속히 증가하는 추세에 일조하고 있다. 더욱 심각한 문제는 이러한 질환을 앓는 연령층이 갈수록 낮아진다는 사실이다.

미국 위스콘신 대학의 샐리 라이어(Shally Rier)는 1993년 붉은털원숭이를 이용한 연구를 통해 다이옥신이 자궁내막증을 일으킨다는 연구결과를 발표했다. 미국의 자궁내막증 환자만도 600~900만 명이라는 수치를 보더라도 다이옥신의 위해성을 쉽게 알 수 있다. 다이옥신에 장기 노출되면 암 외에도 면역체계 이상과 골반 내 염증 및 불임을 초래하고 태아에까지 영향을 미쳐 출생 후 성장에도 문제가 된다. 다이옥신은 대부분 펄프와 제지공장에서 염소나 이산화염소 표백을 할 때 부산물로 생겨나는데, 인체에 축적되고 오랜 시간이 흐른 뒤에도 영향을 미치는 독소이다. 생리대를 하얗게 만드는 염소 표백제가 다이옥신을 발생시킨다는 것을 미국 FDA도 인정한 바 있다.

현재 우리나라의 식품의약품안전처와 생리대 회사들의 입장은 과거 표백용 염소에서 다이옥신이 검출됐던 것은 진실이지만 측정할 수 없을 정도로 극미량이었을 뿐 아니라 그마저도 기술이 발달한 요즘은 전혀 발생하지 않는다는 것이며, 가려움증이나 피부염 등의 질환에 대해서도 자체적인 임상시험을 거쳐 안전성이 입증됐기 때문에 문제 될 것이 없다는 입장이다. 그러면서도 구체적인 테스트 방법에 대해서는 회사마다 기밀사항이라 밝힐 수 없다는 식의 은폐를 일삼고 있다.

1980년 이후 서구에서 문제가 되어 온 탐폰의 경우 미국, 유럽, 캐나다 등에서 독성쇼크증후군(TSS, Toxic Shock Syndrome)으로 급작스런 발열, 두통, 설사, 구토와 어지럼증 외에 심한 경우 사망에 이르렀다는 연구결과가 있었다. 독성쇼크증후군은 탐폰에 들어가는 레이온 성분 때문에 박테리아가 만들어낼 독소가 혈관을 통해서 흡수되었을 때 나타나는 증상이다.

1980년에 탐폰과 관련된 독성쇼크증후군(TSS)으로 38명의 여성이 사망했는데 지속적인 홍보와 포장지 경고문 표기를 통한 노력으로 1998년에는 사망자 수가 3명으로 줄었다.

TSS를 일으키는 포도상구균은 탐폰에 묻어 여성 질 내에 들어간 후 탐폰을 기반으로 번식하는 것으로 추측하고 있다. 초기 증상으로는 햇빛에 그은 듯 손과 발의 피부 껍질이 벗겨지고 현기증과 고열, 구토, 설사가 뒤따르고, 그러다 혈압이 뚝 떨어지고 심하면 쇼크사로 이어진다. 독성쇼크증후군이 아주 심해지면 혈압이 낮아져 쇼크상태에 빠지거나 치사율이 높은 패혈증으로 발전하기도 한다.

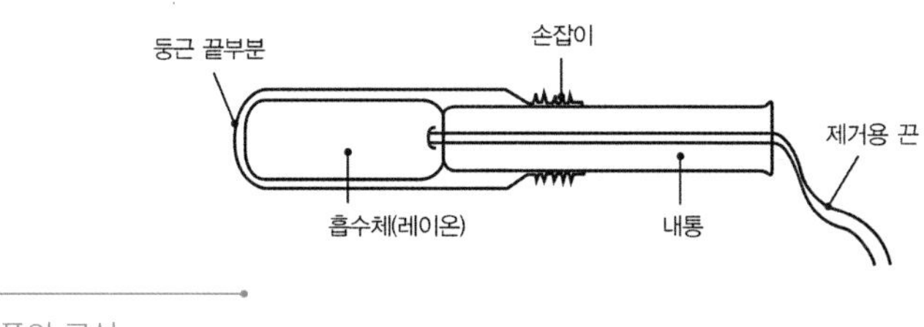

탐폰의 구성

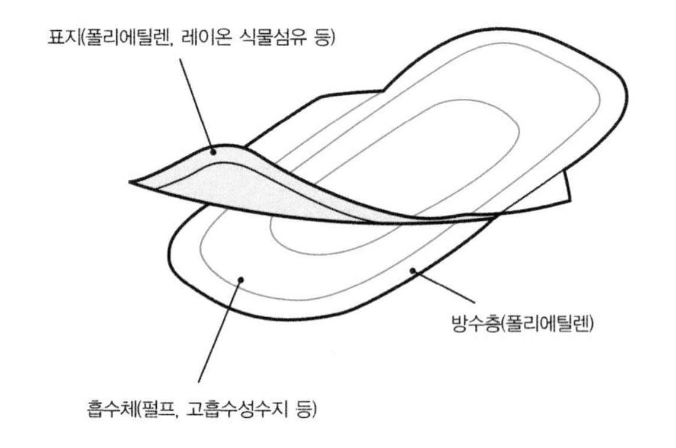

패드형의 구성

국내에서 판매되는 탐폰에도 독성쇼크증후에 대한 경고문이 표기되어 있다. 우리나라는 서구에 비해 탐폰을 사용하는 여성의 빈도가 낮은 만큼 그 유해성에 대한 인식이 상대적으로 낮다. 그러나 젊은 층에서 활동적인 사회생활의 간편함을 이유로 탐폰 사용자가 늘고 있는 추세이므로 그 위험성을 밝혀두었다.

일반 생리대도 초박형과 고흡수, 고항균을 내세우며 더욱 경량화하고 새로운 성분이 첨가되곤 한다. 하지만 제조법상 어떤 화학처리가 더해졌는지 알 수 없는 일이고, 이런 기능들이 생리대로 인한 피부질환을 근본적으로 개선해주지는 못한다.

수원 YWCA가 408명을 대상으로 한 조사에서 20~40대 여성의 절반 이상인 55.7%가 일회용 생리대나 팬티 라이너 사용 후유증을 경험한 것으로 나타났다. 가장 보편적으로 생기는 후유증은 접촉성 피부염으로 처음엔 가렵고 붉은 반점이 생겼다가 긁으면 구진(반점과 달리 피부가 솟아오르는 것), 물집이 생겨 세균에 감염된다. 일회용 생리대의 불편함에 대해 응답자들은 공기가 통하지 않는 점(34.4%), 냄새가 방지되지 않는 점(13.6%) 등을 문제로 꼽았고 가격 부담이 있다는 응답도 31.9%를 차지했다.

그렇다면 한방생리대가 일반생리대보다 더 좋다고 할 수 있을까? 안타깝지만 다 업체들의 상술이지 한방생리대라고 사실 일반 생리대에 비해 더 다를 게 없는 화학 가공처리 제품이다. 다만 생리대에서 나는 한방 냄새로 여성들에게 좀 더 심리적인 안정감을 일으킬 뿐, 오히려 화학적인 한방냄새와 생리혈의 냄새가 합쳐져 더 좋지 않은 냄새를 내기도 하는 상품도 많다고 하니 주의가 필요하다. 최근에도 순면 커버 생리대가 많이 등장하고 웰빙 바람을 타고 유기농 수입 생리대도 출현했지만, 가격 면에서 만만치 않다.

선풍적인 바람을 몰고 왔던 일회용 생리대가 여성의 자유와 활동성을 보장하는 대신 건강을 위협하는 용품이 될 줄은 처음엔 몰랐다. 게다가 쓰레기까지 양산하여 환경을 오염시키는 주범이 여성이라는 오명을 남겼다. 쓰레기의 양도 심각하지만, 매립해도 100년이 지나야 썩고, 소각 시에는 다이옥신 같은 환경호르몬을 배출하는 골칫덩어리다. 따라서 환경오염의 원인제공자가 되지 않으면서 자신의 건강도 돌보는 합리적인 대안이 되는 위생용품에 주목할 필요가 있다.

▶ 에스트로겐은 몸에서 아주 조금만 만들어집니다. 프로제스테론이나 테스토스테론에 비하면 아주 극소량만 만들어 집다. 그러므로 우리 환경에 있는 아주 적은 양의 에스트로겐이라 할지라도 우리 몸 안에서 지속적인 영향력을 끼칠 수 있습니다.
환경 속의 어떤 화학물질이 에스트로겐과 유사하면 몸은 그 물질을 이물질로 인식하지 못하고 제거하지도 못합니다.

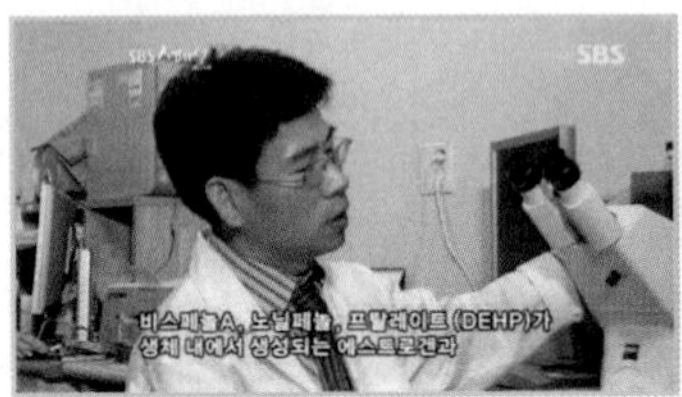

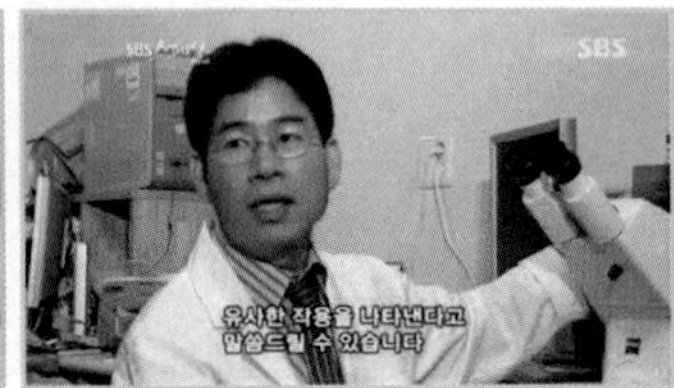

▶ 비스페놀A, 노닐페놀, 디에틸핵실프탈레이트(DEHP)가 생체 내에서 생성되는 에스트로겐과 유사한 작용을 나타낸다고 말씀드릴 수 있습니다.

▶ 여성에게 여성호르몬(에스트로겐)을 필요 이상으로 주면 암이 되거나 여성 기관에 심각한 이상을 일으킵니다.

출처: SBS 스페셜 「환경호르몬의 역습」, 2006. 9. 17.

▷ 대안 위생용품

여성의 건강과 환경을 위한 대안 위생용품은 뜻있는 시민단체를 중심으로 꾸준히 퍼져나가고 있다. 그 결과 염소표백을 하지 않은 대안 생리대에 대한 인식이 일각에 새롭게 일고 있으며, 천연 면 생리대와 함께 키퍼*와 해면이 탐폰의 훌륭한 대안으로 떠올랐다. 대안 생리대 운동을 하는 각국의 사례를 통해 볼 때 이런 대안 용품을 사용한 여성들은 가려움과 짓무름이 사라지고 생리통이 줄었으며 생리 주기가 짧아졌다고 한다. 또 생각보다 활동이 자유롭고 편하다는 의견이 지배적이었다.

대안 생리대중 삽입형인 키퍼는 부드러운 천연고무로 만든 깔때기처럼 생긴 생리 컵이다. 탈착 방법에 익숙해지기까지 다소 적응이 필요하지만, 요령을 알고 나면 자유와 위생이라는 두 마리 토끼를 다 잡을 수 있다. 12시간 동안 착용이 가능하며 생리혈을 비워내고 살짝 물에 씻어 다시 착용하면 된다. 양이 가장 많은 날을 제외하면 아침저녁, 하루 두 번만 갈아주면 되고 새지 않으며 10년 정도 사용할 수 있는 것이 가장 큰 장점이다.

또한, 키퍼는 자연스러운 질 내분비물을 흡수하지 않고 받아내기 때문에 질 내 건조증을 일으키지 않고 독성쇼크증후군에도 안전하다. 키퍼는 미국 식품의약국(FDA)과 캐나다 보건국의 허가를 받은 안전한 대안 생리 용품이다. 간혹 천연고무에 알레르기가 있는 사람은 실리콘으로 된 대용품을 사용할 수도 있다.

또 다른 대안은 해면(Sea Sponges)을 탐폰 대신 사용하는 것이다. 해면에 치실을 연결하고 물에 적셔 꼭

키퍼
깔때기처럼 생긴 천연고무에 경혈을 받아내는 생리용품.

짠 후 질 속에 삽입하여 사용한다. 생리혈로 적셔지면 6~12시간 간격으로 교체하고 세탁할 때는 식초나 소다, 티트리(Tea Tree) 오일 등을 이용하면 좋다. 해면을 삶거나 화학 비누, 전자레인지 등을 이용하여 살균하는 것은 좋지 않다. 그러면 해면이 거칠어지고 작아져 수명이 단축되기 때문이다.

정상적이라면 해면 생리대는 1년 정도 사용할 수 있지만 6개월마다 교체할 것을 권한다. 또한, 너무 싼 해면을 선택하면 안 된다. 좋은 해면도 일회용 생리대 한 통 정도 가격에 불과하니 최상품으로 골라 써야 한다. 품질이 낮은 해면 생리대는 가루가 떨어지거나 흡수력에 문제가 생길 수 있다. 실제로 닳은 해면이 인체에 어떤 영향을 주는지 밝혀진 바가 없기 때문에 좋은 제품을 선택해서 안전 기간만 사용하도록 한다.

대안 생리대 중 가장 보편적인 것이 패드형 면 생리대다. 사용 여성이 증가하는 추세에 맞추어 종류도 다양해지고 얇고 사용하기 편리한 디자인으로 발전하고 있다. 면 생리대는 겉커버와 속감으로 구성되어 있는데 겉커버에는 팬티에 고정할 수 있는 똑딱단추가 달려 있고, 생리대를 바꿀 때는 속감 만 갈아 주면 된다. 사용하기 전에 한 번 빨아주면 흡수력이 증가하며 사용 후에는 찬물에 얼마간 담가놓은 후 세탁하면 된다. 더운물에서는 혈액 속 단백질이 응고되기 때문에 찬물 세탁이 필수이다. 세탁 후 삶아 쓰면 소독도 된다. 세탁의 편리를 생각하면 흰색보다는 다양한 색상을 선택하는 것이 좋고, 재질은 부드럽고 흡수력이 좋은 면제품이면 된다. 대안 생리대에 익숙해지면 이구동성으로 사용 전 걱정했던 번거로움에 대해 일축할 수 있다.

면 생리대 만들기 및 키퍼 관련 사이트

면 생리대는 흡수가 잘되는 면과 똑딱단추, 바느질 도구만 있으면 누구나 손쉽게 만들 수 있다. 준비물을 장만했다면 피자매연대 홈페이지(http://www.bloodsisters.or.kr/)를 방문해서 면 생리대 만드는 법을 배워보자.

- 그 외 사이트

국내 – www.ecofem.or.kr(여성환경연대)

해외 – http://www.eco–logique.com
http://www.thekeeperinc.com
http://www.keeper.com
http://www.divacup.com
http://menses.co.uk

왼쪽에서부터 순서대로 면 생리대1, 면 생리대2, 해면, 키퍼, 문컵.

향수
— 아름답지만 위험한 향기

관능미 넘치는 세기의 연인이었던 메릴린 먼로는 무엇을 입고 잤을까? 모두가 궁금해 한 어느 기자의 물음에 '샤넬 넘버5'라고 답한 유명한 일화에서도 알 수 있듯, 향수는 속성 상 여성들이 가장 갖고 싶어 하는 애장품 중 하나이다.

하지만 불행히도 향수에는 프탈레이트라는 환경호르몬 추정물질이 함유되어 있다. 프탈레이트라는 화학물질은 플라스틱을 부드럽게 하려고 사용하는 화학첨가제로, 특히 각종 PVC 제품에 널리 쓰인다. 또 화장품, 장난감, 세제에 사용하고, 목재 가공 및 향수의 용매, 가정용 바닥재 등에 이르기까지 아주 광범위한 용도로 쓰인다.

세계 각국은 프탈레이트계 가소제•가 인체에 유해하다는 결정을 내리고 1999년부터 내분비계 장애를 일으키는 환경호르몬 추정물질로 관리해 왔다. 프탈레이트는 동물이나 사람의 몸속에서 호르몬의 작용을 방해하는 내분비계 교란물질의 일종으로 카드뮴에 비견 될 정도의 독성을 갖고 있다. 동물실험 결과 간과 신장, 심장, 허파 등에 부정적인 영향을 미치고 여성 불임, 남성의 정자 수 감소 등 생식기관에 영향을 주는 독성 물질로 알려졌다. 또 태아 사망, 신생아 기형을 일으킬 수 있다는 연구결과도 발표되었다.

이런 독성화학물질 프탈레이트가 향수 속에 매우 높은 농도로 함유되어 있다 하니, 결국 향수는 이성의 호감을 끄는 향기 속에 자신과 이성, 그리고 태어날 2세의 건강까지 위협하는 독을 감춘 화장수라 하겠다.

프탈레이트계 가소제

프탈레이트계 가소제의 종류로는 디에틸헥실프탈레이트(DEHP), 디부틸프탈레이트(DBP), 부틸벤질프탈레이트(BBP), 폴리에틸렌테레프탈레이트(PET) 등이 있다.

화장품
— 얼굴에 바르는 독

당신은 아침에 일어나 몇 가지 화장품을 바르고 그 화장을 지우기 위해 밤에 또 얼마나 많은 화장품을 사용하는가? 아름다움에 대한 욕망으로 화장은 여성들 생활 깊숙이 자리 잡고 있다.

그러나 화장품 광고에서는 결코 알려주지 않는 진실! 화장품이 3천여 개가 넘는 화학물질로 만들어진다는 것이다. 그리고 그 중 알레르기를 일으키는 물질이 무려 100가지가 넘는다. 향과 색소로 가려진 화장품 속 화학물질에 대해 우리가 알지 못한 비밀을 찾아보자.

화장품의 유해 성분 위험 정도에 대해서는 화장품 업계와 시민단체 사이에서 의견이 갈리고 있다. 하지만 2000년 미국 국립산업안전연구소가 의회에 보고한 자료를 보면, 화장품에서 총 884종에 이르는 독성 물질이 발견된 것으로 나타났다. 이 중 778종은 신체에 매우 예민하게 작용하는 독극물이고, 376종은 피부와 눈에 악영향을 끼치는 물질이라고 보고서는 밝혔다.

2004년 1월 영국 리딩 대학 P. D. 다버 박사팀은 유방암 환자 20명에게서 떼어낸 종양 조직 샘플에서 파라벤 성분이 검출됐다는 논문을 발표했다. 파라벤이 유방암을 유발했는지는 알 수 없지만, 이들 환자에게서 예외 없이 파라벤 성분이 나왔다는 것은 화장품에 사용되는 화학물질의 부작용에 대한 반증이 아닐 수 없다.

요즘은 화학물질의 시대라고 할 만큼 우리는 엄청나게 많은 화학물질에 둘러싸인 채로 살아가고 있다. 이러한 시대에서 화장품 사용에 좀 더 주의를 기울여서 유해하다고 판단되는 물질에 노출되지 않도록 노력하는 것은 화학물질 세대를 살아가고 있는 우리의 현명한 대처일 것이다.

화장품의 기본 성분은 유성 성분과 정제수, 알코올이다. 그 외에 현재 화장품에는 유화제, 살균제, 방부제, 색소, 향료, 안료 등 5천여 종의 화학물질이 사용되는데 보통 한 제품을 만들 때 대략 20~50여 종의 원료를 혼합하여 사용한다. 먼저 알코올은 화장품의 여러 원료가 잘 섞이도록 성분 침투와 소독 작용을 한다. 유성 성분은 주로 동물성 기름, 식물성 기름, 석유에서 추출한 광물성유, 그리고 기타 라놀린이나 바셀린 등의 유지로 이루어진다. 이런 유지 중에는 자외선과 결합하면 쉽게 산화하여 기미나 잡티, 주근깨를 유발하는 것도 있고 일부 사람들에게 알레르기를 일으키거나 멜라닌 색소침착과 물집을 일으키는 종류도 있다.

주로 로션이나 크림 등에 많이 사용되는 이 지방 성분은 공기와 접촉하면 쉽게 산화되는 특징이 있는데 햇빛이나 습기로 인해 산화 반응이 더 강하거나 빨라질 수 있어 그 결과 과산화 물질이 생성되므로, 이를 방지하기 위해 산화방지제와 살균방부제 첨가는 필연적이다. 산화방지제는 가려움증을 유발하고, 그 중 디부틸하이드록시톨루엔과 뷰틸하이드록시아니솔은 발암의심물질로 경고되어 있다.

화장품에 방부제가 필요한 이유는 화장품이 미생물의 성장에 적합한 상태이므로 그 변화를 방지하기 위함이다. 식품첨가물로 금지된 페놀, 크레졸, 레놀신 등이 90% 이상 쓰인다. 아기용품이나 세정용품에 살균제로 쓰이는 헥사클로르벤젠은 피부과민증과 안면 색소침착을 일으키는 화학물질로 미국에서는 사용이 금지되어 있다.

화장품의 유성 성분은 당연히 정제수와 잘 섞이지 않기 때문에 이를 돕기 위한 유화제가 필요하다. 유화제는 화장품의 기름 성분을 풀어 물과 섞어 크림 상태로 만드는데, 이것은 바로 합성세제의 원료로도 쓰이는 계면활성제이다. 화장품에 5~8%나 섞여 있어 피부의 지방을 빼앗고 각질과 단백질을 변화시킨다. 또 몸속에 흡수되면 간장장애를 유발하는 화학물질이다.

이 계면활성제가 알칼리와 함께 존재할 때 피부의 방어층이 무너진다. 미용평론가이며 기초화장품 개발가인 오자와 다카하루는 그의 저서 『화장품, 얼굴에 독을 발라라』에서 피부의 방어층인 피부 장벽을 파괴하는 계면활성제에 대해 말하고 있다. 표피의 피지막과 각질층, 과립층으로 이루어지는 피부 장벽은 피부 속에 이물질이 침투하는 것을 막아주는 보호막이다. 그런데 계면활성제는 그 보호막을 파괴하고 파괴된 피부 장벽을 통해 피부 안으로 침투한다고 한다.

기능성을 강조한 화장품 중 주름개선 기능은 합성 계면활성제와 합성 폴리머라는 성분이 이루어내는 합작품이다. 합성 폴리머는 1970년대에 개발된 합성 고분자 물질이다. 합성 계면활성제수용액이 피부 속에 남아 주름이 펴지는 효과를 내고 합성 폴리머가 피막을 형성하여 수분 증발을 막는 것이 주름개선의 원리이다. 결국, 합성 폴리머는 자연스러운 피부막 대신 인공 수지로 피부를 감싸버려 건강한 피부를 오히려 숨 쉬지 못하게 하는 것이다. 게다가 계면활성제 농도가 높을수록 효과가 눈에 띄게 빨리 나타나기 때문에 소비자는 주름 개선 효과가 높다고 착각하는 것이다.

그 밖에 화장품에 사용되는 안료와 색소는 색조 화장품을 위한 것이다. 특히 대표격인 타르색소는 석유에서 분리하여 합성한 것으로 그 종류만 해도 90여 종이나 되고, 안면 흑피증을 일으키거나 햇빛에 광독성을 나타내는 물질도 포함되어 있다. 색조화장품에 필수적인 안료는 약 20여 종으로 수은, 납, 크롬 같은 중금속이 함유되어 있다.

사실 천연 성분의 화장수라 해도 분홍이나 하늘색의 아름다운 빛깔을 내기 위해 색소가 쓰일 때가 많다. 화장수로 유효한 대부분 식물성분은 엷은 노란색이나 갈색을 띠고, 그 배합량이 적어 거의 투명한 화장수가 될 수밖에 없다. 그런데 미관상, 혹은 물과는 다른 느낌을 주기 위해 인공색소를 첨가하고, 향료로 냄새까지 첨가하는 것이다.

화장품 특유의 냄새를 만들어내는 향료는 모든 화장품과 세정용품 등에 광범위하게 선용되고, 그 종류도 4,000여 종에 이른다. 이들은 피부 자극이 있어 알레르기를 유발하기도 한다.

화장품의 변질을 막기 위한 아질산염 방부제 역시 발암물질을 만들어내는데 연구결과 화장품에 사용하는 방부제 디부틸하이드록시톨루엔은 13%가 피부로 흡수된다고 한다.

화장품을 선택할 때 화학 성분이 되도록 적게 함유된 것을 고르기 위해서는 화장품에 함유된 성분들에 대해 잘 알고 선택하는 일이 무척 중요하다. 음식으로 섭취하는 것은 아니지만, 화장품은 피부와 호흡을 통해서, 때론 립스틱처럼 직접 입을 통해서 체내에 흡수되는 물질이다.

결국, 화장품의 바른 선택은 전성분을 확인하고 천연 화장품과 유기농 화장품을 사용하자는 것이다. 천연 화장품이란, 일반적인 농법에 의해 길러진 식물을 원료로 사용한 화장품이다. 파라벤류의 방부제를 사용하지 않고 식물성 재료들을 이용하여 제작하는 화장품이며 방부제를 제외한 기타 화학 성분은 천연 원료를 사용하지 않더라도 천연 화장품으로 분류된다.

유기농 화장품이란 살충제, 인공비료나 인공화학물질을 사용하지 않은 식물원료를 화학적 방법이나 인공향을 첨가하지 않고 무공해 가공법으로 제조한 제품을 뜻한다. 천연 화장품과 차이가 있다면 천연 화장품은 식물을 이용해 가급적 화학 성분을 줄여 만든 것이라면, 유기농 화장품은 화장품의 원료인 식물 자체를 유기농법으로 재배하고 그것을 원료로 만든 화장품이다. 유기농 화장품은 유기농 마크를 꼭 확인하고 사야한다. 그리고 물과 소금을 제외한 95% 이상의 유기농이 인증된 천연성분이 함유되어야 한다.

▷ 개별 화장품

화장품이 여성들의 전유물인 듯하지만 사실 요즘은 남성, 청소년, 아기까지도 화장품을 사용하지 않는 사람이 없다. 화장품을 피부가 먹는 음식이라고 표현하는 것이 그저 과장된 광고만은 아니라는 생각이 드는 대목이다. 그러니 화장품도 어쩌면 식품과 같은 수준의 인식과 관리가 필요하지 않을까. 화장품별 위해성을 간략히 알아보는 일이 화장품 인식에 도움될 것이다.

‖ 토너 ‖

유화제로 트리이소프로판올아민이 많이 쓰인다. 피지가 지나치게 제거되면 피부의 수분 증발이 쉽게 일어나 피부가 적정수분을 유지할 수 없다. 그러면 결국 더 민감하고 거친 피부가 될 수 있으니 특히 건성 피부는 더욱 조심해야 한다.

‖ 크림 ‖

크림과 유액에 배합되는 프로필렌글라이콜이라는 보습제는 독성이 강하다. 특히 입으로 흡수되면 지각 이상, 신장장애 등 상당히 심각한 지경에 이를 수 있다. 폴리에틸렌글라이콜이라는 보습 성분은 입으로 흡수되어 간장, 신장장애를 일으키고 암을 유발한다는 보고가 있다.

‖ 자외선 차단제 ‖

자외선 흡수물질인 파라아미노벤조산이나 옥시 벤존 등이 알레르기성 피부염을 일으킬 수 있고, 벤조페논은 피부를 통해서 인체에 흡수되면 신체의 면역력을 약화시킨다. 특히 파라아미노벤조산은 해로운 빛과 함께 몸에 유익한 햇빛까지 차단해 버려 문제가 된다. 민감한 피부라면 'PABA-free'가 표시된 제품을 선택하는 것이 좋다. 최근의 자외선 차단제들은 파라아미노벤조산대신 파라아미노벤조산 유도체를 사용하기 때문에 비교적 안전하다.

‖ 화이트닝 ‖

미백 화장품에 널리 쓰이는 화이트닝 성분인 코직산은 간암을 유발할 가능성이 있다는 일본 보건후생성의 보고가 있었다.

‖ 파운데이션 ‖

화장품 중 피부 문제를 가장 많이 일으키는 제품이다. 파운데이션에는 상대적으로 유분기가 많기 때문에 다른 화장품보다 색소, 향료, 살균방부제, 산화방지제가 더 많이 들어간다. 더욱이 계면활성성분으로 모공이 넓어져 독소가 인체에 쉽게 전달된다. 유의할 화학성분 가운데 하나인 산화방지제 지브틸히드록시틀엔이 포함되어 있어 피부와 장기에까지 영향을 준다. 또 파운데이션의 원료인 활석(Talc)은 인체에 유입되면 발암물질이 되고 파운데이션 함유된 톨루엔, 아니졸 그리고 타르와 파라벤 성분은 얼굴에 직접 도포되어 인체에 흡수된다. 이런 화학 성분들로 암이 유발되고 환경호르몬에 노출될 수 있다.

‖ 파우더 ‖

활석이나 운모 등의 부드러운 돌가루가 주재료이다. 커버력과 자외선 차단을 위해 이산화티탄이 쓰이고 산화철 계열의 색소를 사용한다. 최근에는 초미립자분말을 사용하고 회사마다 사용 감이나 피부친화력을 위해 키토산, 아미노산, 레시틴 등등 독자적인 성분들을 첨가한다.

‖ 마스카라 ‖

아스팔트의 원료로 쓰이는, 기름 찌꺼기인 콜타르 성분이 재료이다. 눈가 주름과 다크써클의 주범이기도 하다. 세균 감염을 잘 일으키는데 특히 녹농균 감염을 가장 빈번하게 유발하고, 포도상구균, 곰팡이에 대한 감염도도 높다. 타르, 톨루엔 등의 독소는 시력 저하를 일으킬 수 있다.

‖ 아이라이너 ‖

점성이 약한 액체에 계면활성제와 안료를 섞어 향료와 살균방부제를 넣어 만든다. 라인을 그리다 붓끝이 눈에 닿아 결막에 색소 침착을 남기거나, 라이너 끝이 눈에 닿거나 눈 안에 고일 가능성을 조심해야 한다. 피부가 손상되고 눈썹이 빠지는 외관상의 문제도 발생하지만, 눈이 충혈되거나 염증이 생기기도 한다. 특히 콘택트렌즈를 착용하는 경우에는 사용을 자제해야 한다. 결막염 등 눈 자체에 따른 안과 질환 외에도 눈 주변의 피부가 간지럽고 붉은 반점이 생기는 피부 문제가 생기거나, 알레르기 반응으로는 전체가 부어오르는 현상이 생길 수도 있다.

‖ 아이섀도 ‖

타르 색소로 색을 내는데 렌즈 착용자가 펄 섀도를 사용할 경우 운모와 금속성 가루, 생선 비늘 성분들이 렌즈 표면에 붙어 눈에 심각한 손상을 줄 수 있다.

‖ 각질 제거제 ‖

과일, 우유, 사탕수수 등에서 추출하는 알파하이드록시산 각질 제거와 수분공급, 노화방지에 탁월한 성분으로 사용된다. 저농도일 때는 피부를 촉촉하고 매끄럽게 해주지만 농도가 강하면 피부를 자극해 습진이나 피부염을 유발할 수 있다.

‖ 매니큐어 ‖

매니큐어를 말랐을 때 답답함을 느낀다면 손톱의 피부 호흡이 방해받기 때문이다. 애나멜질의 광택 재료로 손톱 전체를 덮어버리면 비록 피부에 비해 투과율이 낮을지라도 호흡과 피부흡입을 통해 톨루엔과 프탈레이트, 내분비계 장애물질인 옥시벤젠 등 유해물질이 인체에 흡수된다. 수용성인 디부틸프탈레이트는 손을 씻거나 생활을 하면서 물과 접촉할 때 조금씩 녹아 나와 손바닥 등의 피부로 흡수될 가능성이 매우 높아 주의해야 한다.

|| 립스틱 ||

전통의 립스틱은 주로 홍화(紅花)즙을 응고시켜서 사용했지만, 현재는 카민(carmin)에 에오신(eosin), 또는 합성 색소가 사용된 제품이 일반화되었다. 색소, 향료, 계면활성제, 뷰틸하이드록시아니솔과 같은 산화방지제 등의 발암유해물질이 첨가되어 있다. 여성들은 하루에 7g의 립스틱을 먹는다고 할 정도로 립스틱의 흡수량이 많다.

화장품 – 피해야 할 성분

논란이 되는 유해화학 성분	사용 용도	우려되는 유해성	기준법적 사항 식약처[KFDA]
~파라벤 (~Parabens)	방부제	내분비계 교란 물질, 알레르기 유발, 유방암 유발 의심 물질	단일성분 0.4%/ 혼합사용 0.8%
페녹시에탄올 (Phenoxyethanol)	방부제	마취작용, 강한 피부 자극성, 알레르기 유발	1%
이미다졸리디닐 우레아 (Imidazolidinyl Urea)	방부제	발암물질 오염 가능성	0.5%
디아졸리디닐 우레아 (Diazolidinyl Urea)	방부제	발암물질 오염 가능성	0.5%
이소프로필 알코올 (Isopropyl Alcohol)	방부제, 살균제	어지럼증, 두통 유발	제한기준 없음
폼알데하이드 (Formaldehyde)	방부제, 살균제	발암성 물질, 알레르기 유발, 자극	0.2%
미네랄 오일 (Mineral Oil)	방부제, 연화제	발암물질 오염 가능성, 피부 호흡 방해, 피부 질환 유발	제한기준 없음
파라핀 (Paraffin)	방부제, 점증제	피부 호흡 방해, 발암물질 오염 가능성	제한기준 없음

논란이 되는 유해화학 성분	사용 용도	우려되는 유해성	기준법적 사항 식약처[KFDA]
폴리에틸렌글라이콜 (PFG)	계면활성제	발암성, 간·콩팥 기능 장애 유발	제한기준 없음
폴리프로필렌글라이콜 (PPG)	보습제, 계면활성제	발암성, 간·콩팥 기능 장애 유발	제한기준 없음
트리에탄올아민 (TEA)	유화제, 계면활성제	피부 장애 유발, 간·콩팥 기능 장애 유발, 발암물질	제한기준 없음
디메치콘 (Dimethicone)	점증제, 계면활성제	피부 호흡 방해	제한기준 없음
BHT / BHA	산화방지제	신경 독성, 피부 장애 유발, 발암성 물질, 환경호르몬 의심	제한기준 없음
소듐라우릴설페이트 (SLS)	세정제	피부 기능 장애 유발, 발암물질 오염 가능성	제한기준 없음
소듐라우레스설페이트 (SLES)	세정제	피부 기능 장애 유발, 발암물질 오염 가능성	제한기준 없음
탈크 (Talc)	커버력(파우더)	석면 제거되지 않은 탈크는 발암물질 호흡기 장애 유발	탈크 내 석면 불검출
사이클로메치콘 (Cyclomethicone)	연화제	피부 호흡 방해	제한기준 없음
디에탄올아민 (DEA)	유화제	피부 장애 유발, 간·콩팥 기능 장애 유발, 발암물질	제한기준 없음
벤조페논~ (Benzophenone)	자외선 차단제	환경호르몬 의심, 발암성 물질, 신경 독성	3%~5%(일부)
옥시벤존 (Oxybenzone)	자외선 차단제	순환기 장애 피부 자극 유발	5%
~신나메이트 (~Cinnamate)	자외선 차단제	피부암 유발	7.5%~10%
디소듐이디티에이 (Disodium EDTA)	점증제	알레르기 유발, 콩팥 기능 장애 유발	제한기준 없음
인공향료 (적색 0호, 청색 0호, 황색 0호)	착색제	알레르기 유발, 발암성 물질	0.001%~6%
쿼터늄-15 (Quaternium-15)	살균보존제	발암성 물질, 알레르기 유발, 자극	0.2%
트리클로산 (Triclosan)	여드름 살균제	호르몬 대사 방해, 신경계 교란, 발암성 물질	0.3%
살리실 산 (salicylic acid)	여드름 살균제	알레르기 유발, 피부염 유발, 홍조, 발진, 가려움	제한기준 없음

출처: 구희연, 이은주, 『대한민국 화장품의 비밀』, 거름, 2009.

▷ 화장품, 제대로 사용하기

이상 살펴본 바와 같이 화장품은 피부 침투성이 좋아 유해물질을 인체에 유입시키고, 피부에 침착하여 장시간 잔존하며, 피부 문제를 일으키는 주범이기도 하다. 커버력이 좋은 제품일수록 피부호흡을 저해하여 트러블을 쉽게 일으킨다. 새 화장품으로 바꿨을 때 일시적으로 생기는 트러블이 아니라 붉은 반점과 함께 발열감이 있고 부기마저 생긴다면, 화장품에 의한 접촉성 피부염, 즉 흔히 화장독이라고 일컫는 피부질환을 의심해 봐야 한다.

하지만 화장품은 이미 우리에게 뗄 수 없는 존재가 되었으므로 무엇보다도 화장품을 제대로 사용하는 것 역시 중요하다. 또한, 화장품도 음식처럼 유통기한이 있으므로 이를 지켜야 한다. 정해진 보존기한을 넘어서 산화되거나 부패하여 세균에 오염된 화장품을 사용하게 될 수도 있기 때문이다. 평상시에도 화장품이 세균에 오염되지 않도록 사용하기 위해서는 뚜껑을 열어 두거나, 다른 사람과 함께 사용하거나, 손가락으로 찍어 사용하는 것을 삼가는 게 좋다. 손으로 직접 만지지 말고 도구를 이용하여 덜어 쓰는 것이 현명하다.

화장은 하는 것 못지않게 제대로 닦아내는 일이 중요하다 화장을 지울 때도 올리브유와 같은 천연유로 기름기 많은 화장을 닦아낸 후 그 밖의 자연 재료를 이용한 세안으로 마무리하는 것이 좋다.

화장품을 보관할 때는 건조하고 통풍이 잘되면서 직사광선에 노출되지 않는 서늘한 곳이 좋다. 방부제, 산화방지제, 인공향료와 색소 등이 없는 천연 화장품이라면 반드시 냉장 보관해야 하고 통상 6개월 이내에 모두 쓰는 게 좋다.

요즘은 자연성분, 천연 추출물 등을 선호하는 소비자의 추세에 따라 식물성 화장품이 많이 시판되고 있지만, 일부 과대광고에서 말하는 '순식물성' 따위는 사실 믿을만한 정보가 못 된다. 대부분은 식물성분을 배합했을 뿐이고 그 함량도 미미한 경우가 많다.

그러므로 천연 화장품을 고를 때에는 원료와 함량 등을 살펴보고, 시료에 따라 천연 화장품을 가장한 얄팍한 상술용 화장품인지 아닌지 구별할 줄 알아야 한다. 제조회사의 기업이념이나 실천 행보를 체크해 보는 것도 좋은 방법이다. 최근에는 우리 재료를 사용한 국산 천연 화장품 브랜드도 찾아볼 수 있다. 회원 중심으로 운영되는 생산협동조합이나 유기농 매장 등을 통해 이미 오래전부터 자리를 잡고 있는 천연 화장품은 고가의 세금을 포함한 외국산에 비해 경제적인 가격에 품질도 절대 뒤지지 않는 훌륭한 제품이다.

현대의 미용평론가나 전문가들은 공통으로 화장품은 가능한 한 적게 쓰라고 권한다. '적게'라는 선은 피부를 보호하되 피부 자체가 숨 쉬고 스스로의 능력을 발휘하게 하는 정도라고 여겨진다. 또 일부의 전문가들은 에어컨과 조명, 인스턴트 음식 등 인공 환경 속에서 살아가는 현대인의 피부 상태를 일정하게 유지하기 위해서는 기초화장이 필수라고 주장하기도 한다.

전문가들이 사용해야 한다고 주장하는 화장품의 범주나 화장의 필요에 대한 주장은 서로 다르다. 하지만 그들이 공통적으로 말하는 것은 화장품 광고에 휘둘리지 않고, 자신의 건강을 지키기 위해서 화장품 성분에 대해 알 필요가 있다는 것이다. 적어도 범람하는 화장품과 과대광고 속에서 줏대 없는 맹신보다는 스스로 판단할 수 있는 지혜를 갖는 일이 더 중요하다.

더 알아둘
웰빙 상식

화장품 제대로 사용하기

- 일반적인 화장품의 유효기간은 크림류는 6개월, 스킨로션은 1년, 색조 화장품 종류는 2년 정도이다. 천연 화장품은 재료와 제조법에 따라 다를 수 있지만 보통 냉장보관으로 4~6개월 정도이다.
- 피부 트러블을 줄이도록 화장품 테스트를 해보고 사용 여부를 결정한다. 민감성이나 아토피가 있는 경우라면 더욱 그렇다. 테스트하려는 화장품을 아침, 저녁으로 팔 안쪽에 얇게 펴 바르기를 3~7일 정도 반복하며 상태를 확인한다. 특별히 발적현상이나 가려움증이 나타나지 않는다면 사용해도 된다.

천연 화장품 관련 사이트

- 식품의약품안전처: http://www.kfda.go.kr

유기농 인증마크

COSMEBIO
(프랑스 유기농 화장품 협회)

ECOCERT
(에코서트)

USDA
(미국농무부)

BDIH
(독일 천연 화장품 인증협회)

Soil Associtation
(영국 토양협회)

ICEA
(이탈리아 유기농 인증협회)

헤어제품과 스타일링 제품
— 멋 내다 대머리 된다

헤어제품 중 가장 큰 비중을 차지하는 것은 단연 샴푸이다. 그리고 헤어 컨디셔너나 린스, 모발영양을 위한 에센스, 스타일링을 위한 젤과 스프레이, 왁스 등이 그 뒤를 따른다. 수많은 헤어 제품도 화장품이니만큼 서로 중복되는 성분이 많고 유해성도 유사하다.

헤어제품의 대부분은 머리 스타일의 연출과 고정을 위한 제품들이다. 이런 제품들은 머리를 고정하고 향을 내기 위해 다양한 화학약품을 첨가한다.

에어로졸 형태의 머리에 뿌리는 스프레이는 암을 일으키는 PVC 및 폼알데하이드, 인공향과 알코올을 포함하는 광범위한 합성 화합물질이다. 또 극도로 가연성이 높고 눈에 직접 노출되면 따갑다. 미국의 소비자단체인 HCW(Health Care Without Harm)에서는 헤어스프레이, 헤어젤과 헤어무스에서 환경호르몬인 프탈레이트가 검출되었다고 밝힌 바 있다.

게다가 스프레이나 무스를 분출할 때 쓰이는 프레온가스는 지구의 오존층을 파괴하는 주범이다. 냉장, 냉방, 저온화학 공업 일반에서 냉매제로 쓰이는 프레온가스는 일상생활에서도 냉장고에서 자동차의 에어컨까지 다양하게 쓰인다. 이 프레온가스 때문에 남극의 오존층이 많이 파괴되었다고 한다. 자외선을 흡수하는 오존층이 파괴되면 지표면에 도달하는 자외선의 양이 늘어나 생물체에 영향을 준다. 오존층의 오존이 1% 줄어들면 피부암에 걸릴 확률은 3%씩 늘어난다고 한다. 또한, 식물의 생산력을 감소시키고 성장에 영향을 주어 자연 생태계의 균형을 깨뜨릴 수 있으며, 바다에 서식하는 다양한 동식물 플랑크톤의 번식과 생태에도 악영향을 미치는 것으로 알려졌다. 지금은 대체냉매제를 많이 사용하고, 헤어스프레이나 살충 스프레이의 프레온가스도 대부분 LPG로 교체한다니 그나마 다행한 일이다.

▷ 염색약

스타일링 다음으로 신경을 쓰는 것은 색깔이다. 젊은이들은 다양한 색상으로 개성을 표현하고 싶어 하고, 나이 든 사람들은 흰머리를 감추기 위해서 염색약을 사용한다. 하지만 기존의 화학 염색약에는 피라페닐렌디아민과 페놀 등 환경호르몬을 포함한 물질을 비롯해 18가지 이상의 화학물질이 들어 있다.

시판되는 염색제는 유기합성 염색제(산화형)로써 납과 카드뮴 등의 중금속을 이용해 색상 염료를 머리카락에 착색시킨다. 보통 염색을 할 때 사용하는 두 가지 약은 색깔염료를 혼합한 암모니아와 과산화수소이다. 암모니아는 머리카락의 겉 표면을 부풀려 염료와 과산화수소가 속으로 잘 스며들게 하고 과산화수소가 머리카락 속의 멜라닌 색소를 파괴해 하얗게 탈색시키고 나면 염료가 멜라닌이 파괴된 자리를 메워 색을 나타내는 원리다.

암모니아는 휘발성이 매우 강해서 눈이 침침하고 눈물이 날 정도로 시릴 뿐만 아니라 직접 눈에 닿으면 각막에 손상을 준다. 더구나 염색약 구성 성분의 상당수가 유전자 변이 물질이거나 발암물질이며 대부분의 염색약은 강한 알칼리성으로 모발에 있는 케라틴(각질), 멜라닌, 수분 등을 부식시키고 산화시키면서 탈모까지 유발할 수 있다. 또 알칼리 성분이 눈에 들어가면 안구의 단백질을 녹여 눈이 침침해지는 것은 물론 실명 위험에 처할 수도 있고 천식이나 호흡기 장애도 초래한다.

그중에서도 특히 문제가 되는 것은 파라페닐렌디아민으로 심각한 접촉성 피부염을 유발하는 물질이다. 피부와 결막에 염증이 생기는 것은 물론이고 진피층 아래의 피하 세포와 혈관까지 도달해 신장과 간에도 영향을 미친다고 한다. 이것이 두피, 얼굴, 목 등에 닿으면 접촉성 급성 피부염을 일으킬 수 있는데 안면부위의 피부염이나 심한 경우, 안면 부종을 일으키기도 한다. 가려움증과 붉은 반점도 동반하므로 피부가 약하거나 상처를 입은 사람은 증상이 더 심하게 나타난다.

더구나 상당수 염모제를 정기적으로 사용하면 방광암 발생 위험이 증가한다는 연구가 나와 주의가 요구된다. 염모제가 혈액을 타고 들어가 신장에서 걸러져 방광에 모이게 되면 방광점막세포가 자극을 받아 종양이 생길 위험성이 커진다는 것이다. 실제 영국에서는 미용사들의 암 발생률이 높다는 조사 결과가 발표되기도 했다. 2001년 미국에서도 염색약을 정기적으로 사용하는 여성의 방광암 발생률이 증가한다는 연구결과가 나왔다.

또 국제암연구소(IARC)에서는 파라페닐렌디아민이 자체적으로 발암성을 띠는 것은 아니지만, 과산화수소수나 다른 염색약과 같이 사용하면 암을 유전시킨다고 밝혔다.

현재 우리나라에서 유통되는 염모제의 3분의 2가량이 파라페닐렌디아민을 함유하고 있다. 식품의약품안전처 규정상 염색제에 파라페닐렌디아민을 사용할 때 농도가 3%를 초과해서는 안 된다는 규정이 있지만, 실제 일부 미용실에서는 정품이 아닌 값싼 제품을 쓰거나 배합 비율이 3%를 초과하는 제품을 쓰는 경우가 적지 않다는 지적이다.

염색약이 머리카락에 흡수되는 비율은 대략 10%를 넘지 않는다. 나머지 90%는 머리를 감을 때 배출되어 하수도를 통해 강물에 유입된다. 이때 방출되는 중금속들은 인체 및 생태계에 치명적인 영향을 미치는 유전자 변이나 암을 일으키는 독성 성분들이 많다.

물론 염색약 분야에서도 천연 원료를 이용한 염색약이 속속 개발돼 창포 추출물이나 아몬드, 올리브 오일, 오징어 먹물, 누에고치, 오디 등을 이용한 것들이 있다. 오래전부터 대표적인 천연염색으로 애용하는 헤나(Henna)도 천연 헤나와 케미컬(화학) 헤나 두 가지 종류가 있으므로 미용실에서 권할 때는 반드시 천연헤나인지 여부를 확인해야 한다.

잎을 이용한 헤나 염색은 효과가 높고, 독성이나 부작용이 적다고 알려졌지만, 바로 식물이기 때문에 식물바이러스, 세균 등이 존재할 수 있다. 염색약의 헤나와 납 성분 역시 알레르기성 접촉피부염의 원인이 될 수 있으니 미리 패치테스트를 해본 후 사용하는 게 좋다. 최근에는 헤나에 착색이 잘되라고 파라페닐렌디아민을 섞는(주로 블랙 헤나 제품) 경우가 있어 더욱 강한 피부 자극을 유발할 위험성이 있다.

최근의 염색약들은 자극적인 암모니아성분을 모발 구성 성분인 단백질로 대체하는 노력과 식물의 천연 살균 성분인 피톤치드를 함유하는 등 발전을 보이고 있는 반면 화학 염색약은 그 위해성에도 불구하고 새치와 흰 머리에 여전히 상당량이 소비되고 있다.

하루아침에 모든 사람이 몇 배나 비싼 천연염료를 쓸 수는 없겠지만, 화학 염색약은 사용을 자제하고, 부득이한 경우 소량을 쓰되 두피에는 직접 접촉하지 않도록 해야 한다. 또한, 극소량의 성분을 넣어 마치 천연 제품인 듯 비싼 가격에 소비자를 현혹하는 제품이 다량임을 알고 철저히 살펴봐야 한다.

더 알아둘 웰빙 상식

수제 헤어스프레이 간단히 만들기

1. 레몬 두세 개를 씻어 얇게 썰거나 으깨어 좀 넉넉히 물을 붓고 중불로 끓인다. 혹은 반을 갈라 윗부분이 1~2㎝ 정도 보일 만큼 물을 붓고 끓인다.
2. 중불에 서서히 끓이고 물이 반 이상 졸면 불을 끄고 식힌다.
3. 고운 체나 거즈를 이용해 찌꺼기를 걸러낸다.
4. 차갑게 식은 액체를 소독한 스프레이 용기에 담아 냉장 보관한다.
5. 레몬 에센셜 오일이나 두피에 좋은 에센셜 오일을 한 방울 첨가해도 좋다.
6. 당분이 없고 향이 금방 날아가기 때문에 끈적임이나 벌레 꼬임 등을 염려할 필요는 없지만, 사용기간이 열흘 정도임을 감안하여 알맞은 분량을 만든다.

샴푸와 바디 제품들
— 싸구려 합성 계면활성제 제품들

현재 우리가 사용하는 샴푸와 목욕 용품은 석유화학계의 계면활성제가 사용되는 대표적인 용품이다. 일반적으로 알려진 샴푸의 성분을 보면 물 50~60%, 계면활성제 30~35%, 첨가제 3~5%, 허브 등의 추출물이 1~3% 등으로 이루어져 있다. 이 계면활성제는 합성세제에 포함되어 있는 그것과 농도나 함량만 다를 뿐 같은 성분이다.

계면활성제란 분자 안에 친유성기와 친수성기가 같이 있는 물질로써 수용액 속에서 그 표면에 흡착하여 표면장력을 저하하는 물질이다. 이 계면활성제의 효과로 거품이 나고 유성 오염물질을 섬유나 피부에서 떼어내 세척이 이루어진다.

계면활성제는 물에 녹았을 때 이온화하는 종류에 따라 이온성과 비이온성으로 분류한다. 그리고 이온계 계면활성제는 물에 녹았을 때 계면활성을 하는 부분이 어떤 성질을 띠느냐에 따라 음이온계, 양이온계, 양성 계면활성제로 나뉜다.

그중 합성세제나 샴푸 등에 가장 많이 사용하는 것은 주로 음이온성 계면활성제이고, 양이온성은 정전기 방지 효과가 있어 린스나 섬유유연제에 사용된다. 조건에 따라 음이온과 양이온을 다 띠는 양성 계면활성제는 세정력과 거품은 약하지만, 피부 안전성이 뛰어나 주로 저자극 샴푸나 베이비 샴푸에 많이 쓰인다. 비이온성 계면활성제는 가용화제나 유화에 많이 사용된다. 피부자극은 양이온성〉음이온성〉양성〉비이온성의 순서이다. 세정력을 얻는 대신 피부 자극이라는 반갑잖은 대가를 치르는 것이다.

소비자 환경단체는 생활 속의 유해물질들을 통해 환경호르몬의 유해성 여부를 조사한 연구집을 통해 석유 화학계 계면활성제의 유해성에 대해 장시간 사용할 경우 신체 신경기능장애 및 면역력 저하로 인한 아토피, 천식, 비염을 유발하는 환경호르몬의 폐해를 경고하고 있다.

세정제와 화장품의 유해성분으로 많이 지적되는 성분에 소듐라우릴설페이트(SLS)와 소듐라우레스설페이트(SLES)가 있다. 계면활성제로서 세정제로 사용하는 화학물질인데 자동차 세척제, 차고 바닥 클리너, 엔진 그리스(기름) 세척제에 흔히 들어 있는 성분이다. 약 90% 이상의 샴푸, 거품 세제의 주요 성분으로 더 광범위하게 사용되며, 시중에 유통되는 화장품, 치약, 헤어 컨디셔너 등에 들어가는 화학 성분 가운데 가장 위험한 요소이기도 하다.

소듐라우릴설페이트 및 소듐라우레스설페이트는 다른 화학물질과 쉽게 반응하고 결합하여 잠재성 발암물질인 니트로사민으로 전이되며, 이때 음식물로 섭취하는 양보다 높은 수준의 질산염이 피부를 통하여 흡수된다고 한다. 미국 대학 '독성학 연구보고서'에 따르면 소듐라우릴설페이트와 소듐라우레스설페이트는 피부를 통해 쉽게 침투하여 심장, 간, 폐 그리고 뇌에 일정 수준을 유지하면서 체내에서 5일 정도 머문다고 한다.

다음 유해성분으로 디에탄올아민이 있다. 일반적으로 코코아미드 디에탄올아민(Cocoamide DEA)이나 라우라미드 디에탄올아민(Lauramide DEA) 등과 같은 중화복합물과 연관되어 제품 성분으로 표시된다. DEA는 환경호르몬이면서 발암물질로 알려져 있다. 이 물질은 거품 목욕제, 바디워시, 샴푸, 비누 그리고 세안제 등 대부분 미용용품에서 거품활성제나 안정제로 흔히 사용하는 성분이다.

또 트리에탄올아민은 세정제의 기본 성분으로 흔히 수소이온 농도 조절용으로 화장품에 사용된다. 안과 질환이나 모발 및 피부 건조증을 포함한 알레르기 반응을 일으키고, 장기간에 걸쳐 체내에 축적되면 독성물질로 변할 수 있다.

요즘 들어 출시되는 코코넛이나 팜, 콩 등 식물성 기름에서 추출한 천연성분 계면활성제는 피부에 자극이 없으면서도 풍부한 거품으로 세정력과 사용자의 만족도를 높여 큰 호응을 얻고 있다. 천연 계면활성제는 인체에 해가 없고 자연 상태에서 분해, 정화되므로 건강과 환경에도 유익한 제품이다.

그럼에도 대부분 샴푸에 합성 계면활성제를 사용하는 이유는 천연 계면활성제에 비해 원료가격이 매우 저렴하기 때문이다. 최근 소비자의 관심이 집중되는 코코넛 오일 순식물성 샴푸는 일반 합성세제 샴푸와 차별화하기 위하여 용기나 라벨에 합성세제 무함유(NO SLS, SLES, DEA 및 순식물성분 90~99%)표시를 하고 있다. 코코넛뿐 아니라 발아 현미, 콩, 로열젤리, 토코페롤, 솔잎 추출물, 레몬 라임, 사탕수수 추출물, 소다 등의 천연 원료를 이용한 제품들도 활발히 출시하고 있다.

그런데 천연제품들은 기존의 세정제에 비해 거품이 풍부하지 못해 외면받는 경우가 종종 있다. 합성 계면활성제가 많으면 거품이 많이 나지만 지나친 거품은 오히려 계면활성제의 활동을 방해한다. 풍부한 거품은 심리적 만족감을 줄 뿐 실질적인 실효성이 있는 것은 아니다. 거의 매일 머리를 감거나 샤워하는 경우라면 지나친 거품으로 두피나 피부를 자극하는 것은 바람직하지 않다.

머리를 감는 목적은 머리카락을 씻는 것이 아니라 두피를 깨끗이 씻어내는 것이다. 많은 사람이 머리카락을 씻고 마사지하는 것으로 잘못 알고 있는데 머리를 감을 때는 손톱이 아닌 손가락 끝 부분으로 모발의 뿌리 부분인 두피를 마시지하고 청결히 씻어내야 한다. 두피가 건강해야 머리카락이 빠지지 않고 건강한 머릿결을 유지할 수 있기 때문이다. 그리고 두피에 각종 세정제 찌꺼기가 남아 인체에 유입되지 않도록 헹굼에도 신경을 써야 한다.

여성 청결제
— 세균에 대한 인체 저항력을 빼앗는다

여성 청결제도 여성들이 자주 사용하는 제품이다. 그러나 여성 청결제의 사용은 신중해야 한다. 일반 여성 청결제에는 대부분 위에서 말한 화학물질이 소량씩 포함되어 있다. 사실 여성용 청결제는 몸에 유익한 균까지도 박멸하는 문제점이 있어 이런 화학 세정제를 매일 쓰면 몸이 세균에 대한 저항력을 잃는다. 병원의 처방도 아닌데 아무 이상도 없는 상태에서 여성 청결제를 계속 사용하는 일은 삼가하고 특히 거품이 이는 제품은 경계해야 한다.

여성의 질 내부는 약산성으로 외부 세균에 대해 자체 방어력을 갖추고 있어 청결만 잘 유지해주면 쉽게 감염되지 않는다. 오히려 살균, 세정제를 남용하거나 비누로 씻어서 자체 방어력을 깨뜨리면 더 해롭다. 오히려 청결제를 사용해서 질염에 걸리는 경우도 있다 하니 주의할 일이다.

흐르는 물에 깨끗이 씻고 가렵거나 냄새가 날 때는 식초를 한 방울 정도 떨어뜨려 아주 연하게 희석한 물에 씻은 후 흐르는 물에 헹궈준다. 천연비누나 샴푸가 있듯이 여성 청결제도 천연제조품이 있다. 쑥이나 유카 등의 한약재 및 식물 추출물, 에센셜 오일을 주원료로 한 천연 여성 청결제는 가려움 해소에 탁월하고 부작용이 전혀 없다.

미용비누
— 합성색소와 인공향, 방부제 덩어리

일반적으로 사용하고 있는 비누는 고급 지방산 나트륨으로 수천 년간 인류가 사용해왔다. 그동안은 세척기능이 중요한 까닭에 알칼리성이 강했지만, 근래에는 비누 기능이 세분되고 피부보호가 중요시되어 약산성화 되는 추세이다.

세정과 미용을 위한 세안용 비누 역시 피부를 통해 인체에 해로운 성분을 전달하고, 대부분 약알칼리성인 비누 성분이 피부를 자극하여 건조하게 하고 피부습진이 생기게 한다. 좋은 비누란 무색, 무취, 무첨가제 비누로 약산성을 띠는 것이 좋다. 비누를 사용할 때는 무엇보다 철저한 헹굼으로 비누 성분이 피부에 남지 않도록 해야 한다. 잔류물질이 박테리아나 세균의 먹이가 되기 때문이다.

세안용 비누와 샴푸의 경우 생산단가를 낮추기 위해 저급 오일을 원료로 사용한다. 그리고 블렌딩 과정에서 세정력을 높이기 위해 합성 계면활성제를, 보존기간을 늘리기 위해 방부제를, 단단함을 유지하기 위해 경화제를 넣고 합성색소와 인공향, 합성글리세린을 첨가한다. 이런 원료들이 건조함과 피부 당김의 원인으로 작용한다.

그에 비해 천연비누는 올리브, 포도 씨, 코코넛, 팜유 등의 식용 고급 오일에 한약재나 허브, 에센셜 오일 등의 천연성분을 특징에 따라 첨가한다. 일반 비누와 특히 중요한 차이점은 천연비누는 숙성 과정에서 자연히 생성되는 글리세린이 포함되어 있어 피부 보습에 뛰어난 역할을 한다는 것이다. 일반 비누는 제작 시간과 대량생산을 위한 기계화에 알맞지 않아 글리세린을 분리하여 화장품의 보습 성분으로 판매해 버린다. 천연비누라도 고형의 비누 베이스를 구매해서 제작하는 것은 일반비누보단 뛰어나지만, 엄밀히 100% 천연이라고 하기는 어렵다.

또한, 요즘 천연비누나 천연샴푸, 화장품 등이 범람하면서 생각해봐야 할 것은, 더 좋은 사용감을 위해 천연제품에 화학 성분을 첨가하는 일이 늘어나고 있다는 점이다. 그저 '내가 직접 만들어보는'이라는 재미와 웰빙이니 '내츄럴'이니 하는 유행을 타고, 혹은 단순한 상업적 마인드로 모양새만 흉내 내는 경우가 아니라면 구매나 제작에 신중할 필요가 있다.

벌레 죽이는 항균비누! 사람도 해친다

신종플루와 독감 등 전염병이 온 나라를 들썩일 때, 공공연하게 언론보도로 늘 접한 손 씻기 문화 확산은 건강 염려증과 맞물려 항균제품의 선호 성향으로 바뀌었다. 비누 역시 세정제 본연의 임무보다 항균의 기능이 더 강조되고 보니 주객전도의 형상이 아닐 수 없다. 세숫비누와 세탁비누의 구별이면 충분했던 시절은 갔다. 세숫비누의 다양한 기능적 종류에 대등하게 당당히 자리매김 한 손 세정비누는 이제 항균비누로 대체되고 있다.

항균비누(Anti-bacterial soap)의 절대적인 신뢰는 전염병균에 대한 근심으로부터 잠시 해방되는 듯하였으나 항균비누가 수명을 단축시킬 수 있다는 연구결과가 보도되자 혼란 속에 불안함으로 변했다. 항균비누란 말 그대로 박테리아의 증식을 억제할 수 있는 살균력을 가진 비누이다.

항균비누의 주성분은 트리클로카반(Triclocarban)이라는 화학물질이다. 가정에서든 사무실이든 항균비누 포장지에 적힌 화학물질 성분을 보면, 트리클로카반의 존재 여부를 쉽게 알 수 있다. 과연 눈에 보이지도 않는 손에 있는 벌레를 잡아 죽이는 이것은 도대체 무엇일까?

테네시 대학 연구팀은 최근 쥐 실험을 통해 항균비누가 생명체에 치명적일 수도 있다는 사실을 밝혀냈다. 트리클로카반의 인체 유해성에 대해서는 그간 전문가들 사이에 의견이 분분하였으나 이 연구결과는 최소한 쥐 등 동물에 대해서는 확실히 나쁜 영향을 미친다는 사실을 증명한 것이다.

트리클로카반은 태아와 신생아에 대해 특히 치명적인 영향을 미치는 것으로 확인됐다. 트리클로카반을 먹은 엄마 쥐가 자신이 낳은 새끼와 정상적인 쥐가 낳은 새끼 모두에게 젖을 주고, 정상적인 엄마 쥐 또한 자신이 낳은 새끼와 트리클로카반을 먹은 쥐가 낳은 새끼 모두에게 젖을 주는 실험을 했다.

그 결과 분명한 사실이 확인됐다. 트리클로카반을 먹은 쥐가 수유한 새끼 쥐들은 이유기를 전후해 죽거나 체중이 정상 쥐의 절반에 불과한 등의 치명적 악영향이 드러난 것이다. 특히 트리클로카반 농도가 높은 먹이를 먹은 쥐들이 수유한 새끼들은 조기 사망률이 더욱 높았다. 반면 트리클로카반을 먹은 쥐가 낳은 새끼라도 정상적인 쥐의 젖을 먹고 자란 경우는 별문제가 없었다.

이 연구 결과는 인간이나 애완동물 모두 항균비누로 몸을 씻는 게 치명적일 수 있다는 사실을 암시한다. 오염된 손을 잠시 씻는 경우가 아닌 전신 샤워나 특히 청소년이나 어린이들이 항균비누를 사용해 몸을 씻는 건 장기적으로 위험이 따를 수 있다는 사실이다.

일부 개나 고양이 같은 애완동물을 씻길 때도 항균비누를 사용하여 각종 병원균을 옮길 가능성을 줄이기 위해 항균비누 목욕이 장려되기도 한다. 그러나 인간에 비해 체중이 훨씬 덜 나가는 애완동물을 트리클로카반이 들어 있는 항균비누로 씻긴다면 더 큰 악영향을 줄 수 있다.

CHAPTER 04

구제용품과 합성세제

살충제 — 벌레 잡으려다 사람 잡는다

처음 살충제가 출시되었을 때는 정말 꿈의 신약처럼 보였다. 농작물을 좀먹는 해충을 박멸하고 집 안의 바퀴벌레나 파리를 퇴치하니 신기하기 짝이 없었다. 하지만 그것은 환상에 불과했다. 그 유명한 DDT, 즉 디클로로디페닐트리클로로에탄의 합성에 성공한 뮐러(Muller)가 노벨상까지 받았지만, 현재 DDT는 잔류 독성 문제로 각국에서 사용이 금지되었다.

과거 어느 농촌 마을에서는 부모가 잠든 아이들 방에 모기를 죽이려고 살충제를 뿌렸다가 다음날 싸늘히 식은 아이들의 주검을 마주했다는 거짓말 같은 일화도 있었고, 뽀얀 살충제 연기를 내뿜으며 달리던 방역차 꽁무니를 소독되니 좋다며 따라갔던 무지한 시절도 있었다.

지금도 전국 246개 보건소 가운데 239곳이 연막소독을 하고 있는데 〈한겨레신문〉이 성분분석을 의뢰한 결과, 그중 139개(58.2%) 보건소에서 사용하는 연막소독약에 사이퍼메트린, 디클로르보스와 카데스린의 네 가지 환경호르몬 의심물질이 들어 있었다. 이들 물질은 내분비계나 신경계, 각막 등에 해를 끼친다고 알려졌다. 특히, 사이퍼메트린은 세계야생동물기금협회가 지정한 내분비계 장애물질 67종 가운데 하나로, 국내에서도 규제 물질로 지정되어 있다.

연막소독액뿐 아니라 가정에서 흔히 사용하는 다양한 모기약도 인체에 유해한 것은 마찬가지이다. 대부분의 살충 성분은 곤충의 정상적인 신경작용을 방해하는 역할을 한다. 그중 살충제의 대부분을 유기인계, 카바메이트계, 피레스로이드계 살충제가 차지하고 있다.

유기인계 화합물은 1988년 이라크가 쿠르드 반군에 살상용 신경가스로 사용한 전례가 있는 독성물질로 주요 성분 중 하나인 페니트로티온은 바퀴벌레약의 주성분으로 사용된다. 약효의 지속성이 강하고 소량으로도 바퀴벌레 구제 효과가 크다. 또 다른 성분인 디클로르보스는 특히 파리와 모기 박멸용으로 쓰인다. 그러나 현재 미국과 일본에서는 유기인계 살충제를 아예 사용하지 않거나 용도를 극도로 제한하는 추세이며, 유기인의 함량 기준도 0.1%로 현재 국내 허용치의 3분의 1 수준이다.

카바메이트계 살충제는 독성작용과 살충력, 잔효성이 유기인계와 비슷하고, 곤충의 근육수축 유도물질을 과다하게 분비하도록 유도해 신경계를 마비시키는 작용을 한다.

피레스로이드계 화합물은 제충국(국화과에 속하는 다년초 식물)에서 추출하는 피레스린이라는 천연 살충 성분과 화학구조가 유사한 합성물질을 말하는데, 이것 역시 신경계를 마비시키는 역할을 한다. 포유동물에는 독성이 적고 해충에 대해선 살충력이 강해 이상적인 약제로 평가받고 있으며, 현재 전 세계 살충제의 30% 정도를 차지하고 점차 사용이 확대되고 있다.

현재 시판되는 대부분의 가정용 살충제는 피레스로이드계, 유기인계 화합물로 매우 독성이 강한 제품들이다. 하지만 이들의 위해성에 대한 정보가 국내에는 제대로 제공되지 않아 소비자들은 잘 인식하지 못하고 있다.

가정에서 사용하는 전기모기향(매트식 살충제)은 살충제를 함유한 매트를 열판에 올려놓고 가열해 살충 성분을 공기 중에 살포하는 방식이라 소비자들은 자신이 살충 성분을 얼마나 흡입하고 있는지 모른다. 매트식 모기향의 주성분인 알레트린, 퍼메트린은 모두 피레스로이드계 살충제로, 지속해서 흡입하면 화학물질 과민증에 걸릴 수 있다. 특히 피레스로이드계 화합물은 세계야생동물기금협회에서 정하는 환경호르몬 물질로 규정됐고, 저농도 노출 시에도 내분비계 교란 작용을 일으킬 가능성이 있다고 알려져 있다.

초록색의 나선형 모기향은 피레스로이드계의 알레트린이라는 농약을 나뭇가루에 섞어 전분으로 굳힌 것에 녹색 염료를 착색해 만든 살충제다. 최근 대구가톨릭대학교 산업보건학과 연구팀에 의하면 알레트린을 주성분으로 하는 모기향의 연소 실험 결과 모기향

1개당 담배 2~22개비에 해당하는 폼알데하이드와 41~56개비에 해당하는 미세먼지를 방출하며, 공기 오염물질인 질소산화물, 일산화탄소, 이산화탄소, PM2.5의 미세먼지 및 총휘발성유기화합물(TVOC) 등이 모두 실내 환경 기준치를 초과했다고 한다. 이런 물질들을 인간이 다량으로 마시면 구토, 설사, 두통, 무력감, 귀울림 등의 증세가 나타나기도 하고, 중증인 경우에는 호흡기 장애, 경련을 일으키기도 한다. 그러므로 사용을 자제하고, 사용 시에는 반드시 환기해야 한다.

이뿐만 아니라 캠핑이나 여름철 휴가지에서 아무런 거부감 없이 사용하는 바르는 모기 기피제에 대해 경계해야 한다. 바로 디에칠톨루아미드(DEET)라는 물질이 들어 있는데, 이는 걸프전 당시 DEET를 장기간 사용한 미군들에게서 나타난 정신착란 증상의 원인으로 밝혀진 독성물질이다. DEET는 피부를 통해 몸 속으로 흡수되고 장시간 노출되면 뇌 중독과 같은 발작을 일으킬 수 있고, 피부발진, 두드러기, 물집, 마비 등의 부작용을 일으킬 수 있다.

영국 과학자들은 〈뉴사이언티스트〉 지에 살충제에 과다 노출되면 파킨슨병의 발병 가능성이 약 50% 증가한다고 발표했다. 파킨슨병의 원인은 근육을 통제하는 신경에 화학적인 메시지를 전달하는 대뇌 신경세포가 퇴행한 것이 그 주원인으로 알려졌는데 이 연구에 따르면 살충제를 사용하지 않는 사람들보다 살충제에 조금이라도 노출된 아마추어 정원사들이 파킨슨병에 걸릴 확률이 9% 더 높고 살충제에 과다 노출된 농부들은 45%나 더 발병하기 쉽다고 밝혔다.

우리나라에서도 65세 이상 고령자가 20%를 차지하는 농촌에 유기인계와 카바메이트계의 살충약제가 주원인으로 보이는 진행성·퇴행성 신경계 질환자의 발병률이 급격히 증가했다. 살충 성분에 의해 영향을 받는 아세틸콜린에스테라아제(근육수축 유도물질의 가수분해 효소)는 퇴행성 신경질환의 대표적 질병인 알츠하이머와 파킨슨병 발병의 중요한 원인 단백질로 알려졌다.

유기인계 약제에 대한 초파리 중추신경계의 저해 실험에서 보이는 신경 장애는 예사롭지 않다. 알다시피 초파리는 사람과 유전 형질이 가장 유사한 곤충으로 여러 가지 실험에 사용되기 때문이다. 결국, 살충제의 오용은 인간의 신경계와 자연을 함께 망치는 결과를 초래하는 것이다.

가장 심각한 문제는 유해한 모기약의 유해성분에 대해 우리나라는 관대하다는 것이다. 퍼메트린과 같은 유독물질을 아직 식약처에서는 사용을 금지할만한 부작용의 근거가 없다고 하지만 유럽이나 미국 등에서는 발암 가능성과 부작용을 인지하여 사용이 금지되었다. 미국, EU 등에서 사용이 금지된 살충제 성분이 국내에서는 사용되고 있다. 게다가 미국과 EU의 경우 10~15년마다 이미 허가된 살충제에 대한 재평가를 통해 위해성을 검증하고 관리하는 반면 국내의 경우 재평가 작업이 전혀 없는 상태이므로 소비자가 기업과 정부를 신뢰하는 데 인색할 수밖에 없다.

독소 없이 해충을 퇴치하는 법

- 모기: 식초를 물에 희석시켜 접시에 담아두거나 라벤더, 페퍼민트, 제라늄 등 허브를 키운다.
- 파리: 설탕물을 끓여 만든 시럽을 종이에 발라 파리를 유인해 잡거나 투명 장갑에 물을 넣어 걸어두어도 된다.
- 바퀴벌레: 붕산을 물에 개어 바퀴벌레가 나오는 틈새에 바르고, 먹고 남은 맥주나 음료수병을 구석에 놓아두면 냄새를 맡고 와서 병 속에 빠져 죽는다. 또는 밀가루와 붕산을 같은 비율로 넣고 양파즙과 우유를 약간 섞어 빚어서 바퀴벌레 통행로에 둔다. 두꺼운 종이 위에 양면테이프를 두른 후 멸치 가루를 뿌려 유인하거나 종이컵 안쪽에 버터를 바르고 멸치 가루를 뿌려두어 잡는다.
- 개미: 개미의 통로에 박하나 고춧가루, 설탕과 붕산을 반씩 섞어 두거나 양파망에 넣은 은행잎을 놓는다.
- 벼룩: 애완동물에게 벼룩이 있을 때, 마늘가루 반 숟가락을 먹이에 넣어 먹인다.
- 계피: 망사에 계피를 넣어 현관문이나 방에 걸어 둔다.
- 모기퇴치 효과 식물: 구문초, 네펜데스, 아래향 등을 키운다.

방향제
— 향기 속에 숨은 독소

가정에서 악취를 없앨 때 사용하는 방법은 주로 세 가지이다. 오염원의 냄새보다 강한 향으로 악취를 감추는 방법, 숯이나 제올라이트처럼 오염원의 냄새를 흡착하여 없애는 물리적인 방법, 냄새를 분해하여 없애는 화학적인 방법이다.

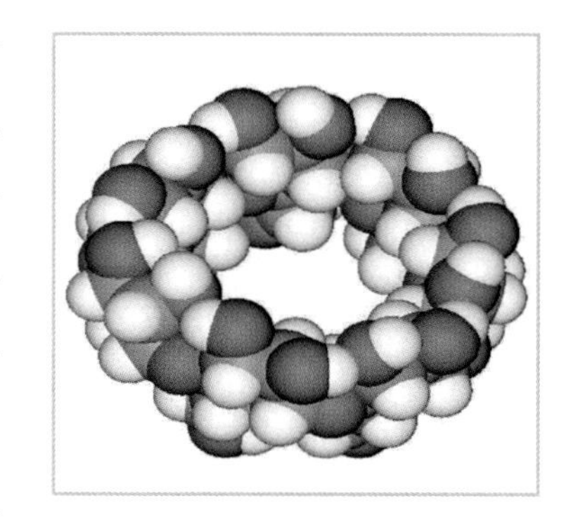

사이클로덱스트린 분자구조

시중에 유통되는 섬유탈취제의 흡착성분은 분자구조가 이들 유기화합물을 감싸서 흡착할 수 있는 구조로 돼 있어 섬유에 붙어있는 유기화합물을 감싼 후 섬유에서 떨어뜨려 공기 중으로 같이 날아간다. 수산화프로필 베타 사이클로덱스트린, 염화아연, 이산화염소 등의 분자로 이루어진 물질이 섬유에 밴 냄새 분자를 감싸 증발시킨다.

향기로 감추거나 냄새를 분해하는 방법은 대개 방향제나 공기탈취제를 이용한다. 이 방법은 냄새를 근본적으로 없애는 것이 아니기 때문에 자칫하면 합성화학물질과 냄새가 섞여 불쾌감을 일으키기 쉽다.

인간은 심신에 좋은 향을 자유롭게 사용하기 위해 사물에서 냄새만을 뽑아내는 방법을 알아냈고 곧 천연향료와 비슷한 분자구조로 합성한 유사향을 알코올과 산의 화학반응으로 만들어냈다. 인공향에는 수많은 화학 성분과 함께 휘발을 위한 첨가물 또는 고체나 액체 형태로 만들기 위한 별도의 성분까지 포함된다.

이런 합성향료와 색소 등 유해물질이 냄새와 연기흡입을 통해 우리 인체에 유입된다. 물론 방향제에 들어가는 화학물질이 워낙 소량이어서 당장 큰 문제가 일어나지는 않겠지만, 자동 분무 방향제처럼 장시간 노출되면 일부 화학물질은 체내에 축적될 수도 있다.

합성화학 방향제는 대부분 에탄올이나 메틸알코올 등을 휘발용제로 사용한다. 에탄올은 술의 원료로, 인체에 흡수되면 흥분이나 마취작용을 일으킨다. 수입 방향제에 함유된 경우가 많고 차량용 방향제에서 검출되기도 한다. 농도가 짙으면 두통이나 현기증을 일으킬 수 있고 화재의 위험도 있다. 또 에탄올이라고도 하는 메틸알코올은 함량 허용 기준치가 0.2% 이내로 되어 있다. 인체 내에 흡수되면 간에서 화학 작용을 일으켜 폼알데하이드로 변환된다. 알코올의 한 종류이며 아세톤의 원료이기도 한 이소프로판올은 3~5분간 노출되면 눈, 코, 목구멍 등이 자극을 받는다. 만약, 마셨을 경우 혼수, 환각, 마비 등의 증세가 나타나며, 메틸알코올과 함께 체내에 축적되는 성질이 있다. 이외에도 발암물질인 트라이클로로 에틸렌이 함유된 방향제도 있다.

방향제의 성분이 이러하므로 아무리 소량이라도 환기 없이 장기간 노출되면 문제가 된다고 전문의들은 지적한다. 특히 어린이가 있는 집에서는 아예 사용을 금지하라고 권하고 있다. 아이들은 같은 양의 화학물질이 몸에 들어와도 성인보다 해독에 걸리는 시간이 몇 배나 길기 때문이다. 최근에 보고된 자료에 의하면 어린이집에 가면 두통을 호소하던 어린이가 많은 이유가 방향제였다고 한다. 아이들의 경우에는 방향제로 인해 귀에 염증이 생길 확률이 30%나 높았고, 설사도 더 자주 하는 것으로 나타났다.

여성의 경우 공기 방향제나 곰팡이 제거제를 자주 사용한 여성이 유방암 위험이 20% 높게 나타났고 매일 사용 하는 경우 유방암 위험이 30%나 높았다. 특히 고체형 방향제는 유방암의 위험을 두 배까지 높이는 것으로 나타났다. 여성 또한 화학물질에 매우 취약하고 심각한 영향을 받는 것이다.

만약 후각이 민감한 사람이 환기 없이 방향제에 지속 노출되면 비염이나 두통, 구토 등이 생길 수 있으며 부착형 방향제의 경우 계속해서 공기 중에 화학 성분이 남을 수 있기 때문에 알레르기의 원인이 될 수도 있다. 또한, 화학물질이 후각세포에 좋지 않은 영향을 미치는 만큼 화학물질 방향제에 장기간 노출되면 후각을 퇴화시키는 데 간접적인 영향을 미친다는 의견도 있다. 그러므로 일반 사무실이나 가정에서 방향제를 사용할 때는 반드시 충분히 환기해야 한다.

2004년 한국소비자보호원이 수도권의 백화점과 할인점 및 홈쇼핑 방송에서 판매하는 아로마 오일 13종과 스프레이식 방향제 13종을 조사했다. 그 결과 차량용 스프레이식 방향제 1종에서는 시력을 잃게 하는 메탄올 성분의 함량이 38%로 안전 기준치 0.2%의 190배에 달했고 4종에서는 내분비계 장애물질 디에틸프탈레이트가 검출되었다. 이들 제품에서는 또 에탄올도 최고 75%까지 검출되어 밀폐된 차량에 방치하거나 인화성이 높은 곳에서 사용할 경우 화재의 위험성도 안고 있었다. 또 아로마테라피용 오일 가운데 1종은 디에틸프탈레이트가 전체 용량의 67%에 달하는 제품도 있었다.

최근 환경부에서 방향제, 탈취제 42개 제품을 선정하고, 제품에 함유된 주요 화학물질에 대한 위해성 평가를 실시한 결과 80%인 34개 제품에서 벤질알코올, d-리모넨, d-리날룰 등 EU에서 알러지 유발물질로 관리 중인 물질이 검출되었다. 또한, 4개 제품에서 1급 발암물질인 폼알데하이드가 함량기준을 초과해 25mg/kg의 4배에 이르는 96mg/kg이나 검출됐고, 국가통합인정마크(KC)가 표시되지 않은 제품도 9개나 적발됐다고 발표했다. 그중 1개 제품은 폼알데하이드가 기준치의 4배에 이르고 자율안전확인마크도 없었다고 하니 슈퍼마켓의 물건을 믿기 어렵게 되었다.

특히 새집이거나 인테리어를 한 집은 특히 방향제를 남용하지 말아야 한다. 2006년 미국 버클리 캘리포니아 대학 의과대학 연구팀의 실험 결과를 보면, 방향제 물질 중 파라디클로로벤젠이 공기와 접촉하면 새집증후군을 일으키는 휘발성유기화합물을 만들어내기 때문에 방향제에 자주 노출될 경우 호흡기 질환에 걸릴 위험이 큰 것으로 나타났다.

적어도 방향제를 고를 때는 반드시 유해물질인 에틸알코올과 폼알데하이드 검출시험을 통과한 것을 나타내는 '검' 또는 'KPS(품질경영 및 공산품안전관리법)' 표시가 있는 제품을 고르고, 밀폐된 공간에서의 사용과 장시간 노출에 주의해야 한다.

특히 자동차에서 방향제를 사용할 때는 에어컨이나 히터의 영향으로 차 안의 환기를 저해하므로 유해물질 흡입이 더 쉽고 그 농도도 증폭된다. 이런 화학적인 향신제품은 내분비계를 교란하여 두통과 어지럼증을 일으키고 운전자의 판단력이나 순발력을 둔화시킨다. 그 결과 결정적인 순간, 운전자가 브레이크를 밟을 적정 타이밍을 놓친다면 큰일이 아닐 수 없다.

말초적인 향기의 겉치레에 끌려 합성방향제와 탈취제의 속성을 잊고 오남용하지 않도록 하자. 레몬과 오렌지 껍질이나 커피를 이용한 생활의 지혜를 발휘하는 것은 약간의 수고로움으로 건강하고 안전한 향기를 얻는 방법이다. 혹은 모과나 유자, 탱자, 숯 등의 천연 방향 물질을 활용하여 건강과 냄새를 동시에 잡는 방법도 권할 만하다.

초스피드 천연 방향제 만들기

1. 물, 유리용기, 크리스털스펀지 약간, 취향에 맞는 아로마 에센셜 오일을 준비한다. 파란색이나 붉은색을 내고 싶다면 청대나 딸기 분말 또는 백련초 분말도 준비한다.
2. 유리그릇에 정제수 100~150㎖를 넣고 색을 낼 분말을 녹여 저어준다.
3. 크리스털스펀지 3~4g을 넣고 20분 정도 두면 크리스털스펀지가 물을 흡수하여 팽창한다.
4. 용도에 맞는 에센셜 오일을 적당량 넣어주고 랩으로 뚜껑을 막은 뒤, 작은 구멍을 내어 향이 나올 수 있도록 한다.
5. 플라스틱 용기를 사용하면 에센셜 오일 때문에 용기가 삭을 수 있으니 유리그릇을 사용한다.
6. 시중 방향제보다 에센셜 오일의 향이 빨리 소모되므로 향이 다하면 에센셜 오일을 더 넣어주면 된다.

나프탈렌, 파라졸
— 국제 암 연구기관 선정 발암물질

나프탈렌과 파라졸은 모두 일상생활에서 널리 사용되는 약품이다. 겨울철 옷 정리에 흔히 사용되는 제품이 바로 나프탈렌과 파라졸을 주성분으로 한 방충제이다.

나프탈렌은 쉽게 증발하는 흰색 고체인데 연료의 연소나 담배, 목재가 탈 때도 배출된다. 화이트타르, 타르캄포라고도 불리며 독특하면서 강한 향을 지녀 좀약으로 사용한다. 일반 가정용으로는 방충을 위한 좀약 및 화장실의 방취제로 사용한다. 시중에서 판매되는 고체형의 둥근 좀약은 순도 99%의 나프탈렌인데 공기 중에 서서히 증발하며 미세한 증기가 퍼져나가므로 보통 화장실이나 섬유에 벤 나프탈렌 증기를 흡입하거나 옷을 입을 때 피부에 닿아 접촉한다.

국제적으로 화학물질을 안전하게 유통 관리하기 위해 화학물질의 수출입 시 첨부하여 보내는 자료로 '물질안전보건자료(MSDS)'라는 것이 있는데, 이에 등재된 나프탈렌 성분의 주요한 위험성은 삼킬 경우 유해하며, 호흡기와 피부, 눈을 자극하고, 혈액 이상 반응, 알레르기 반응이 일어날 수 있으며 동물실험 결과 발암성이 의심되는 물질이라고 밝히고 있다.

나프탈렌을 단기간 흡입할 경우 저체온증 또는 발열, 구토, 구역질, 설사, 위통, 두통, 방위측정능력 상실, 눈 손상, 폐울혈, 신장과 간의 이상, 경련, 혼수상태에 빠지는 등의 위험이 있다. 그리고 장기간 흡입할 경우 눈 손상과 폐의 이상, 암 발생의 위험이 있다.

국제 암 연구기관(IARC)과 미국 보건후생성(DHHS)과 환경청(EPA)에서는 나프탈렌을 사람에게 암을 일으킬 가능성이 있는 물질로 지정하고 있다. 미국 국립환경보건과학연구소의 연구결과에 따르면 나프탈렌에 장기 노출된 노동자들에게서 후두암, 위암, 코의 종양, 대장암 등 다양한 종류의 암이 발생했다.

또 신생아와 유아, 어린이들의 용혈성 빈혈증 발병 사례와도 관렌이 있고, 우려할 만한 수준은 아니었지만, 일반적인 미국 수유부의 모유 샘플에서도 나프탈렌이 발견된 바 있다.

나프탈렌 좀약을 제조하는 과정에서 섞이게 되는 벤조피렌이라는 불순물 역시 미 환경청에서 높은 등급의 발암물질로 지정하고 있는 물질이다. 특히 나프탈렌의 경우, 나프탈렌으로 작업하던 노동자들에게 후두암, 위암, 코 종양, 대장암 등 다양한 암이 발생하였다는 보고가 독일에서 있었고, 미국에서는 신생아, 유아 등 어린이들의 용혈성 빈혈증 사례를 조사해본 결과 발병원인이 나프탈렌을 사용한 좀약을 삼키거나 그 좀약으로 처리된 옷감이나 담요를 접촉했던 것으로 나타났다.

파라디클로로벤젠이라고도 하는 파라졸도 흰색 고체로 나프탈렌과 비슷한 향이 있고 휘발성 가스로 벌레를 예방하는 효과가 뛰어나다. 하지만 이것 또한 발암성 물질로 두통, 현기증, 전신의 나른함, 눈, 코, 목을 자극시키며 신장염 등을 일으키고 백내장을 불러올 수 있다.

물질 안전 보건자료에서는 파라졸을 단기간 흡입할 경우 자극, 구역질, 구토, 호흡곤란, 두통, 현기증, 간 이상이 나타날 수 있으며, 장기간 흡입할 경우 시각장애를 일으키거나 피부색을 푸르게 변화시키거나 혈액에 장애를 일으킬 수 있는 물질로 규정하고 있다.

이러한 염소계 살충제가 체내에 유입되면 분해가 어렵고 몸에 축적되기 쉽다. 잠재적인 위험성이 매우 높고 피부에 직접 닿으면 발적현상이 나타날 수 있으므로 맨손으로 잡지 말고 옷에 직접 닿지 않도록 해야 한다.

옛날 어머니들이 흔히 흰 나프탈렌을 신문지에 싸서 보관하곤 했는데 환기가 잘 안 되는 옷장 속에 발암성 물질을 놓아두는 일은 위험천만한 일이다. 현재 나프탈렌을 사용하고 있다면 밀봉하여 버리고 이미 나프탈렌을 사용하여 보관한 의류는 충분히 바람을 쐐 환기시킨 후 입도록 한다.

그리고 나프탈렌의 대용재로 파라졸을 사용하는 것보다는 녹나무 향의 원료인 장뇌(camphor)를 소량 사용하면 옷을 잘 보관할 수 있을 뿐만 아니라, 건강 위협이나 환경오염을 사전에 막을 수 있다. 하지만 그보다 먼저 옷이나 침구를 잘 세탁하여 충분히 건조시켜 보관하고 자주 환기시키는 습관이 중요하다. 또한, 살충제가 필요하다면 파라졸이나 나프탈렌보다는 대체품을 사용하도록 한다.

나프탈렌과 파라졸의 대체물로는 삼나무 조각과 숯, 아로마 오일 등이 좋다. 옷장에 삼나무 조각을 넣어두거나 숯을 1kg 정도씩 싸서 옷장과 옷 사이사이에 넣어 보관하면 습기와 곰팡이를 방지하고 탈취 효과도 볼 수 있다. 숯은 3~6개월에 한 번씩 먼지를 털어내고 잘 씻어서 햇볕에 말려주면 반영구적으로 사용할 수 있다. 하지만 시중에서 잘게 썰어 용기에 담은 값싼 중국산 숯은 화학처리가 되어 있으므로 구매하지 않는 것이 좋다.

아로마 향을 이용할 때는 페퍼민트와 라벤더를 혼합한 오일이나 말린 잎을 이용하여 옷을 보관해도 좋다. 벌레도 먹지 않고 좋은 향을 지속시킬 수 있어 효과적이지만, 이 방법은 임산부에게 맞지 않다.

욕실 세정제, 곰팡이 제거제, 유리 세정제 — 건강도 깨끗이 쓸어간다

언젠가부터 청소는 깨끗한 청결이 아닌 박멸의 개념이 강해 상당히 전투적으로 바뀐 듯하다. 세균을 박멸하고 얼룩을 지워내는 온갖 세정제들이 오늘날 청소 문화의 현주소를 보여준다. 게다가 그 종류도 분야별로 나뉘어 있어 바닥세정제와 욕실 세정제, 곰팡이 제거제, 유리 세정제, 나일세정제, 모니터 세정제, PC 본체세정제, 차량 세정제, 살균 세척제, 기름때 제거제, 가구 광택제, 살균 소독제, 배관 세척제 등 헤아릴 수조차 없을 정도이다. 과연 이러한 구분의 의미는 무엇일까? 결국, 보다 강력한 보다 향이 센, 경쟁적인 화학물질의 향연으로 이어질 우려가 있다.

이렇게 광범위한 가정용 세정제에는 각 기능에 따라 이름도 생소한 화학물질들이 운집해 있다. 항균제에는 폼알데하이드가, 세척·세정제에는 역시 발암 의심물질인 테트라클로로에틸렌이 함유되어 있고, 청소 세제에는 벤젠과 테트라클로로에탄이, 바닥재 왁스에는 파라핀계 탄화수소인 데케인, n-데케인과 다이메틸옥탄이 포함되어 있다. 누누이 언급한 폼알데하이드를 제쳐놓더라도 유독물질로 지정 관리대상인 과산화수소와 암모늄염이 각종 세정제에서 허용 기준치를 넘어선다는 보도가 나온 적도 있다.

과산화수소 원액은 매우 강한 자극성 물질이라 유독물질로 분류되어 있다. 90% 이상의 원액은 공업용으로 쓰이고 일반 시판용은 30~35%의 수용액인데 30% 이상의 농도면 폭발성이 있어 화재의 위험을 안고 있다. 강한 산화력 때문에 대개 3% 정도의 수용액을 만들어 표백제, 소독제, 산화제로 이름 붙여 상용한다. 눈과 피부에 자극적이고 피부 접촉으로 살갗이 벗겨지거나 수포가 발생할 수 있는 위험물질임에도 버젓이 일상 생활용품으로 사용되고 있다.

암모늄염은 보통 사차암모늄염이라 불리는 양이온 계면활성제의 한 종류다. 양이온 계면활성제 중 가장 살균성이 뛰어나 대부분의 세균에 효과적이지만, 어떤 고농도의 살균제도 잔류 독성을 남기지 않는 화합물은 세상에 없다.

유리 세정제인 나노코팅 스프레이는 실내의 밀폐된 공간에서 사용할 경우 제품에 함유된 미세입자가 인체에 흡입된다. 이 미세입자들이 기관지와 폐 세포의 산소와 수분 교환을 방해하여 호흡곤란과 폐부종을 일으킬 수 있다. 독일연방 위험판정연구소는 가정용 나노코팅 스프레이를 사용하다 심각한 호흡장애를 일으킨 사건이 39건 보고되었다고 경고했다. 반면 우리나라에서는 어떤 위해성도 경고하지 않은 채 화학 스프레이 세정제를 판매하고 있다.

이렇듯 이름도 생소한 화학 유해물질들은 때 자국을 말끔히 지워주기는 하겠지만, 대신 호흡기와 피부 등을 통해 우리 몸을 자극한다. 이런 용품들을 사용하면서 누구나 눈이 시리고 따갑거나 독한 냄새 때문에 머리가 아프거나, 자칫 맨손으로 사용한 뒤 가려움증이나 허물이 벗겨지는 따위의 소소한 경험들을 해본 적이 있을 것이다.

단지 청소를 위해 세정제를 사용하면서까지 유독한 가스나 입자를 마신다면 참으로 우매한 일이 아닐까 싶다. 청소는 반드시 해야 하지만, 과연 이렇듯 많은 화학 세정제를 사용해야만 하는가에 대해서는 다시 생각해 볼 일이다.

▷ 청소용제의 대명사! 락스의 실체

흔히 가정에서 욕실을 청소할 때 쉽게 락스를 사용해서 소독하고 청소한다. 락스의 강한 향 때문에 불쾌한 경험은 누구나 있는데 과연 어떤 성분 때문일까? 락스의 성분 중 차아염소산나트륨이라는 성분이 보이는데 차아염소산나트륨은 살균제로 무색 혹은 엷은 녹황색의 액체로 염소 냄새가 난다. 주부들이 일반적으로 락스를 산성세제나 합성세제, 산소계표백제 등 다른 세제와 섞어서 사용하거나 빨래나 행주를 삶기 위해 끓이면 염소가 염소가스로 변한다. 염소가스는 제1차 세계 대전 중 독일군이 영국군을 상대로 생화학 무기로 사용할 정도로 위해성이 강한 독극물이다.

실제로 2007년 9월 대전의 한 수영장에서 수영강습을 받던 초등학생 30여 명이 염소가스에 의한 집단 호흡곤란 증세를 일으켰고 일부는 피까지 토한 사고가 있었으며, 식당 주방을 청소하던 어른 5명이 청소 후 의식을 잃고 병원으로 이송되기도 했다. 그뿐만 아니라 10년간 모 기업에서 하루 8시간씩 차량 부품도장과 세척작업을 하면서 염소가스에 노출됐던 50대 남성과 여성 2명이 후각을 잃은 사례도 보고되었다.

일반적으로 염소가스 농도가 3~15ppm에서 눈과 점막이 심한 자극을 받으며, 15~150ppm에서 5~10분가량 노출되면 만성 호흡기질환이 발생할 수 있다. 염소가스는 호흡기 외에도 피부나 눈 등에도 나쁜 영향을 준다.

수영장 소독제로 사용하는 염소가 천식이나 알레르기 증상을 유발할 가능성이 높다는 논문이 유럽 등에서 잇따라 발표되고 있다.

염소가 든 세정제로 청소하면 욕실 바닥에 염소가 남을 수 있으므로 청소를 마친 뒤 뜨거운 물을 뿌려 잔류 염소를 빨리 기화시키고 환기를 충분히 하는 것이 바람직하다.

이미 락스에 대한 유해성은 여러 연구를 통해 검증되었으며 정부는 2007. 11. 9 식품의약품안전처 고시 제2007-74호 "식품첨가물의 기준 및 규격 중 개정"을 통하여 "이산화염소수, 오존수, 차아염소산수는 과실류, 채소류 등 식품의 살균목적으로 사용하여야 하며, 최종식품 완성 전에 제거하여야 한다"고 개정하였고 염소계 제품의 소독부산물(THMs 등)의 허용치를 규제하여 실제 사용을 일정 부분 제한하고 있다. 세균을 잡는 물질은 또한 인체도 공격하는 것은 당연한 이치이다. 과신과 과욕으로 건강을 해치고 환경을 망치는 일은 하지 말아야 한다.

락스 위해성 연구 사례

수중의 유기물질과 염소가 반응해서 트리할로메탄, 할로아세토니트릴 등이 많이 생성되는데, 가장 생성량이 많은 트리할로메탄이나 할로아세틱에시드는 암을 유발할 가능성이 있는 물질로 알려졌으며 포유동물 세포에 유전자 독성 및 돌연변이를 유발한다고 알려졌다.

(서인숙, 손희종, 안욱성, 유성재, 배상대: 경기도 보건환경연구원, 신라대 환경공학과 등 5개 기관 합동 연구)

니트로사민은 발암 및 돌연변이 가능성 물질로 알려졌고 염소 살균 시에 미량의 질소함유 유기화합물이 서로 화학 반응하여 생성되는 것으로 조사되었다. 그 심각성은 트리할로메탄보다 독성이 몇 배 강하여 외국에서는 환경 기준도 천 배 낮은 농도로 규제하고 있다.

(류현옥, 김정희, 송두영, 김종오: 목포대학교 환경교육과)

염소화 부산물들이 염소 소독된 음료수에서 발견되고 있으며, 염소 소독 된 음료수와 방광암, 대장암, 직장암에 걸릴 위험률 증가 사이에는 유의한 연관관계가 존재한다.

(American Journal of Epidemiology, 1998)

대만에서 염소 소독 식수 공급처 별로 조사한 결과 염소 소독 식수의 소비와 직장암, 폐암, 방광암 및 신장암 발생률은 정의 관계임이 발견되었다.

(Kuo H.W. Sci Total Environ 1998)

가습기 살균제
— 아이를 죽인 착한 엄마

2011년 원인도 모르는 병으로 주로 영아나 산모들이 사망한다는 뉴스는 많은 사람을 공포로 몰아넣었다. 폐 손상 증후군(기도 손상, 호흡 곤란·기침, 급속한 폐 손상[섬유화]) 등의 증상을 보이며 영유아, 아동, 임신부, 노인 등이 사망한 사건은 충격이었다. 급기야 임산부 7명과 남성 1명 등에 대해 역학 조사를 시행하고 그해 8월 보건복지부와 질병관리본부는 원인 미상의 폐 손상 원인이 가습기 살균제(세정제)로 추정된다는 내용의 중간조사 결과를 발표하면서 가습기 살균제(세정제)의 사용 자제와 판매 중단, 회수 권고를 내렸으며, 이후 11월에는 인체에 대한 독성을 공식 확인했다.

아이를 사랑하는 마음으로 부지런히 돌봄을 행한, 죄 없는 아이와 엄마들이 죽어 나가는데 당국은 사전에 무엇을 한 것일까? 관리 감독하지 않는 국민건강의 위협에 불감증이 팽배한 정부와 기업 윤리 따위는 벗어 버린 무책임한 이 사회에 대항하며 무지하고 순진한 국민이 볼모가 되어야 하는가!

대다수 소비자가 어려운 화학용어를 알고 그 위해성을 공부하여 판단해야만 하는 것인지, 참으로 어처구니없고 억울한 일이 아닐 수 없다. 가습기 살균제는 가습기용 제품으로 작고 습한 입자로 폐에 직접 흡착하는 성질이 있어 사람이 흡입할 경우에 대비한 안전성 검사를 해야 하는데 검사가 없었다는 것은 정부 관련 부처와 기업이 선량한 국민을 살해한 것이나 마찬가지다.

2013년 11월까지 가습기 살균제(세정제)로 인한 피해 의심사례가

400건을 넘어섰고 이 가운데 사망자가 120여 명에 이르지만, 아직 피해자들에 대한 조사나 가습기 살균제(세정제)에 대한 역학 조사는 이루어지지 않고 있다. 또 아직도 가습기 살균제 내 유해 화학물질(PGH · PHMG · CMIT · MIT) 및 유사성분인 PHMB의 다른 제품 포함 조사 결과를 보면 "세제 21건, 물티슈 23건, 핸드워시 4건, 콘택트렌즈 세정액 4건, 유아용 살균스프레이 1건에서 가습기 살균제의 4대 유해 성분이 들어간 것으로 확인됐다"고 한다.

깨끗하고 안전하게 아이를 지키려다가 아이와 함께 억울하게 죽어간 착한 엄마들은 오히려 게으른 엄마들보다 아이들을 지켜내지 못했다. 세균에 대한 지나친 기우는 현란한 기법으로 현혹하는 광고와 기업마케팅에 있다. 상품의 가면을 벗겨 안전한 선택이 무엇인지 늘 긴장 속에 살펴봐야 가족을 지킬 수 있다.

친환경적 대안

미국의 미생물학자 마크 R 스넬러 박사는 그의 저서 『깨끗한 공기의 불편한 진실』에서 "가습기 청소 시 잔여물이 남을 수 있는 살균제 같은 화학약품 대신 식초나 레몬 반쪽과 같이 건강에 영향을 주지 않는 천연 청소 재료를 사용하는 것이 좋다"고 조언했다.

- 샤워기 헤드 청소
  물에 적신 칫솔에 베이킹 소다를 묻혀서 닦아 준다
- 배수구 청소
  배수구에 베이킹 소다와 식초를 조금 넣어준 뒤 거품이 생기면 뜨거운 물을 부어서 청소
- 변기 청소
  김빠진 콜라를 붓고 몇 시간 후에 물을 내려주면 청소 끝!
- 수도꼭지
  안 쓰는 칫솔에 치약을 묻혀 닦아서 청소

이런 방법들 말고도 친환경적인 욕실 세정제품들이 있는데 흔히들 사용하는 락스의 위해 성분을 제거한 제품이기 때문에 안심하고 사용할 수 있을 것이다.

합성세제
— 건강과 환경을 파괴한다

비누가 2천 년 전 처음 쓰일 때에는 피부병을 치료하는 치료약의 의미가 강했다. 그러다 불과 2백 년 전에야 일반에게 쓰이기 시작했고, 독일이 1, 2차 세계대전 중 석유를 원료로 합성세제를 개발하면서 오늘에 이르렀다.

합성세제는 더러움을 제거하는 계면활성제와 세제의 활성을 높이는 인산염, 탄산소다 및 보조제(Builder)로 구성되어 있다. 우리나라에서 생산되는 대부분 합성세제의 구성 성분은 거품을 내는 계면활성제(LAS)가 15~30%, 세정력을 증강시키는 인산염이나 탄산소다 같은 보조제인 빌더가 30~50%로 이루어져 있고, 첨가물로 부식 방지제와 안정제, 향료와 광택제가 사용된다.

세제의 계면활성제는 물과 오염물의 계면에 작용해서 오염물질을 분리해낸다. 천연 계면활성제도 있지만, 일반세제의 계면활성제는 화학적으로 얻어진 합성 계면활성제다. 세탁할 때 적당한 거품이 일어 빨래가 깨끗하게 빨아지는 것은 바로 계면활성제의 작용에 의한 것이다.

이미 앞에서 설명했듯이 계면활성제는 물속에서 이온화되는 성질을 기준으로 나누기도 하지만, 화학 성분에 따른 종류도 수없이 많다.

합성 계면활성제는 값싸고 편리한 물질이지만, 문제는 그 독성에 있다. 가장 직접적인 것은 보통 주부습진이라 불리는 피부의 손상이다. 또 계면활성제는 피부를 통해 모세혈관까지 스며들 정도로 분자의 크기가 작아 장기간 체내 조직에 쌓이면 피부병이나 암을 유발하는 요인이 되고 세포벽을 절단하는 성질이 있어 신경조직을 약화한다.

체내에 들어간 합성세제는 공해병인 이타이이타이병의 원인이 되는 카드뮴이나 미나마타병을 유발하는 유기수은의 체내 흡수를 촉진할 뿐만 아니라 콜레스테롤의 흡수율을 높여 고혈압을 유발하는 것으로 알려졌다. 또한, 일본의 한 연구보고서는 합성세제가 적혈구를 파괴해 빈혈의 원인이 되고 심한 경우 간장 장애도 일으킨다고 밝혔다.

세탁세제는 완전히 헹궈지지 않고 약 1.6% 정도가 옷감에 남아 피부를 통해 유입되거나 공기 중에 떠다니며 호흡기로 흡수된다. 이불이나 베개, 침대 시트 등의 잔류 세탁제는 특히나 호흡기를 통해 체내에 침투하기 쉽다.

피부에 남은 합성세제는 피부염과 알레르기를 일으킬 수 있는데 피부의 두께가 두꺼운 남성보다는 상대적으로 여성이나 유아들에게 더 큰 문제가 될 수 있다. 이렇게 모공으로 침투한 계면활성제가 혈관을 통해 혈액 속에 흡수되면 혈액 속 칼슘이 저하되어 체질이 산성화된다. 그러면 피로하기 쉽고, 재생불량성빈혈의 원인이 되기도 하며 이것이 훗날 암으로 진행되기도 한다. 동물실험에서도 합성세제와 전동차 배기가스 중의 발암물질인 벤조피렌이 복합 작용을 하면 훨씬 높은 발암성을 나타내는 것이 확인됐다.

특히 계면활성제가 소량이라도 속옷에 계속 남아 있으면 산부인과 질환을 발생시킬 수 있고 인체에 화학물질의 흡수를 증가시켜 남자의 경우에는 정자가 파괴된다. 세제의 잔류성 문제에서는 액상용 세탁세제가 가루용 세제보다는 안심할 만하다. 가루형 세제에는 가루를 만드는 핵이 되는 조형제가 첨가되고 제올라이트가 5~40%까지 함유되어 있으며 그 외에 탄산나트륨과 규산나트륨 등이 첨가되어 있다. 제올라이트는 원래 천연 광물 흡착제인데 지금 널리 전용되는 것은 흡착력을 강화한 합성 제올라이트이다. 제올라이트는 세탁 효과를 떨어뜨리는 물속의 칼슘을 빨아들여 세탁 효과를 가중시키는데 빨래를 할 때 물이 뿌옇게 되는 현상은 바로 이 제올라이트 때문이다. 이 합성 제올라이트와 형광표백제는 발암물질로 알려져 있다.

반면 액상형은 제올라이트와 탄산나트륨, 규산나트륨이 들어 있지 않아 가루형에 비해 세제 찌꺼기가 남지 않지만 그런 만큼 세탁 효과는 가루형에 미치지 못한다. 수소이온농도(pH)가 높을수록 세척력은 좋아지는데 가루형은 pH10~11, 액상 세제는 pH8~9 정도에 그친다.

합성세제는 하천으로 흘러든 후에도 좀처럼 분해되지 않고 상수 처리 시 염소 성분과 결합하면 트리할로메탄이라는 발암물질을 만들어내기도 해 유독 성분이 수돗물에 섞여 인체까지 유입될 수 있다.

기본적으로 합성세제는 석유로부터 주원료를 얻는다. 인체 유해성과 수질오염을 줄이기 위해 계속 진화하고 있지만 안전한 천연성분 합성세제란 생산 비용 면에서 만들기 힘든 현실이다. 친환경 세제라고 광고하는 세제를 사용할 때에도 맹신하기 전에 꼼꼼히 따져

봐야 한다.

어쩔 수 없이 써야 하는 세제의 바른 사용법은 그런 면에서 중요하다. 합성 계면활성제가 30~70%까지 들어 있는 세탁세제의 피해를 최소화하려면 사용기준량을 초과하지 말고 여러 번 헹궈 세제의 잔해가 남지 않도록 해야 한다. 또한, 천연제품을 원료로 한 세제를 사용하는 게 좋고, 통풍이 잘되는 곳에서 충분히 말려주는 것이 중요하다.

세탁비누의 생분해는 빠르지만, 수질오염 오탁부하량이 합성세제에 비해 2~2.5배가량 높고 찬물이나 센물에서의 세척력이 떨어지는 문제를 안고 있다. 한 가지 알아두어야 할 것은 향과 표백제를 넣은 고체비누가 가루비누보다 더 위험하다는 진실이다. 향과 표백제를 넣은 비누는 계면활성제뿐만 아니라 암모니아, 벤젠, 폼알데하이드, 인산염, 염소 등 독성 화학물질이 첨가된다. 이러한 화학 성분은 피부막의 지방을 분해해 피부를 거칠게 하고 외부 세균에 대한 저항력을 떨어뜨려 피부염에 쉽게 걸리며, 피부와 호흡기를 통해 유입된다. 그 결과 호흡기에 자극을 주고 면역기능을 저하시키며 우울증 등 신경계통 장애의 원인이 된다. 또 형광표백제와 효소 같은 화학첨가물들은 때만 없애는 게 아니라 세탁물에 잔류하기 때문에 인체에도 해를 주고 수질도 오염시킨다.

▷ 사람을 해치는 거품! 계면활성제

대다수 주부는 합성세제의 유해성을 알고 있지만, 어쩔 수 없이 쓰고 있는 것이 현실이다. 주부들에게만 불편을 감수하라고 감히 말할 수도 없다. 그렇지만 그 위해성에 대해서는 경계하지 않을 수 없기 때문에 고민이다. 합성세제로 세탁한 옷에 남아있는 계면활성제는 피부장애를 일으키는데 특히 땀을 많이 흘리는 여름에는 섬유에 남아 있는 계면활성제가 녹아 피부병이나 염증을 일으킬 수 있다. 갓난아이에게 합성세제로 세탁한 옷이나 기저귀를 사용했을 경우에는 습진이 발생하는 경우도 있다. 또 몸으로 흡수된 합성세제들은 자연적으로 배출되지 않고 몸속의 간장이나 비장, 신장 등에 축적돼 간 기능 저하나 세포장애를 일으킨다.

건강상 문제로 지적되는 계면활성제는 환경에도 치명적이다. 일반적인 합성세제들의 생분해도는 70~90% 정도밖에 되지 않기 때문에 자연상태에서 분해되지 않고 물고기들을 떼죽음시키고 있을 뿐 아니라, 정수장에서조차 일부 정화되지 않은 채 식수가 되어 우리의 몸속에 그대로 들어오고 있다.

피부를 통해서 흡수되는 합성세제의 양은 매우 적지만, 흡수가 반복적으로 이루어지면 그 양이 증가하고, 이렇게 피부를 통해서 흡수되어 축적된 합성세제는 혈액으로 옮겨가서 오줌으로 배설되며 일부는 체내 조직에 남는다. 이로 인해서 알레르기성 피부염이나 피부에 발진이 일어난다.

이외에 직접적인 과일, 채소 등의 섭취와 샴푸 등의 사용을 통해서도 인체에 유입한다. 합성세제의 성분이 몸 안에 들어와 쌓이면, 간의 활동이 저하되어 안색이 검게 되거나 기미가 끼고, 빈혈을 일으키기도 한다. 그리고 남자의 경우 폴리염화비페닐과 복합오염을 일으켜 정자가 파괴되고, 생식 기능이 저해된다. 여성의 경우 역시 기형아의 출산을 유발할 수 있다.

체내에 흡수된 합성세제는 인체의 콜레스테롤 수치를 높임으로써 고혈압을 유발할 뿐만 아니라, 미생물의 균형이 깨져 설사, 구토 심하면 경련, 전신 마비 등을 일으킬 수도 있다. 게다가 공해병을 일으키는 카드뮴이나 유기수은 등과 같은 중금속의 흡수를 촉진시키고 인체로 들어온 다른 화학물질의 강도를 더욱 강하게 만든다. 그밖에 샴푸의 과다한 사용은 탈색, 탈모, 가는 머리카락의 원인으로 작용한다.

더 알아둘 웰빙 상식

계면활성제 역할을 하는 미생물 EM(Effective Microorganisms·유용 미생물군) 발효액

EM은 수많은 미생물 가운데 인간에게 유익한 효모균·유산균·광합성균 등 80여 종의 미생물 집단을 말한다. 이를 발효액으로 만들어 사용하면 정화 효과를 내면서도 합성세제처럼 자연환경에 피해를 주지 않는 장점이 있다.

섬유유연제
— 빨래에 향기를 더하면 독소가

'향'을 강조한 마케팅이 범람하고 있다. 세탁 마무리 단계에 사용하는 섬유유연제 업계에도 예외는 아니다. 업계의 이와 같은 마케팅은 소비자에게 섬유유연제의 본래 사용 목적과 품질보다 향이 더 중요하다는 인식을 부추길 수 있다. 안전성보단 이미지에 치중할 때 반드시 치러야 할 부작용도 만만치 않다. 한 언론 조사 결과에 의하면 향이 강한 섬유유연제를 사용한 소비자들 사이에서 두드러기, 가려움증, 두통을 호소하는 경우를 보도하고 있다.

석유추출물에 기반하는 인공향료는 호흡곤란, 알레르기 반응 등 부작용을 유발한다. 톨루엔 등은 천식 유발, 신경 독성 등 유발 의심 물질이다. 섬유유연제를 사용한 의류는 피부 접촉 가능성이 크기 때문에 자극성 물질 사용에 극히 유의해야 함에도 남발하고 있다.

향료뿐만 아니라 시중에 유통되는 제품 중 함유된 '글루타알데하이드'는 점막 자극성, 어지러움을 유발하는 물질로 환경부 유해화학물질 관리법에 의해 유독물로 분류된다. 그 외 CMIT/MIT는 미국 환경보호국이 1998년 흡입 독성을 경고한 물질이다. 향을 강화한 섬유유연제는 공기 중 부향률도 높기 때문에 흡입 독성은 굉장히 위험한 부분이다.

독성의 인체 경로 중 먹거나, 피부흡입 보다 치명적인 것은 호흡을 통한 유입이다. 그런 의미에서 아무리 좋은 향기도 화학적 방법에 의한 것이라면 유해하다. 결국, 섬유유연제로 빨래하고 방에 널어 두면 일차적으로 독성이 흡입되고 이차적으로 피부호흡을 통해 유입된다.

환경부는 '위해성' 항목에 대해 "유해성이 낮은 물질이라 해도 노출 빈도가 높으면 위해성도 커진다"고 설명한다. 화학물질의 위험성은 물질 그 자체의 위험성인 '유해성'보다 노출 빈도도 함께 고려한 '위해성'을 토대로 평가해야 한다는 것이다. 지속적인 유해 독소의 노출은 양이 적어도 인체에 축적되고 독성은 가중되기 때문이다. 섬유유연제는 거의 모든 의류에 사용되고 연령과 관계없이 두루 쓰기 때문에 노출 빈도가 굉장히 높은 제품군이다.

섬유유연제는 섬유 코팅을 위한 일종의 세탁세제로 섬유의 전기 전도성을 증가시키고, 정전기를 최소화하며, 섬유를 유연하게 하고, 살균 효과를 주기 위해 사용한다.

섬유의 대전방지와 유연함은 계면활성제의 효과로 이루어진다. 대부분의 가정용 섬유유연제에는 4 암모늄 화합물을 이용한 양이온계 계면활성제를 사용하고, 음이온계 계면활성제는 울 샴푸에 사용한다.

그러나 섬유유연제를 빈번히 사용하면 섬유에 축적되고 섬유의 흡수성을 떨어뜨린다. 그래서 일부에서는 세탁 세 번에 유연제 한 번 사용을 권장하기도 한다. 섬유유연제의 필요성을 말하는 사람들은 유연제가 세탁세제의 찌꺼기를 중화시켜 말끔히 없애 준다지만, 섬유유연제도 엄연한 세제이고, 행굼의 마지막 단계에서 사용하는 만큼 심리적으로 꺼림칙한 느낌은 어쩔 수 없다. 이럴 때 인위적으로 유연제를 쓰기보다는 충분한 헹굼을 하면서 몇 방울의 식초를 사용하면 부드러움과 살균 효과까지 얻을 수 있으니 일석이조가 될 것이다.

사실 우리나라의 세탁세제에는 제대로 된 성분표시가 없다. 간혹 수입제품 중에는 성분이 표시된 것도 있지만, 우리는 계면활성제 몇 퍼센트와 한두 개의 성분표시만 있어도 친절한 정도이고, 그저 '계면활성제 등'이라는 한 줄만 표시된 것도 부지기수이다. 그러니 섬유유연제의 화학 성분과 독성에 대해 궁금하지 않을 수 없다.

외국에서는 골프 캐디들이 여름이면 모자에 시트용 섬유유연제를 달고 나가기도 한다고 한다. 섬유유연제의 강력한 향이 모기와 다른 벌레들의 접근을 막아 얼굴에 얼씬도 하지 않는다 하니 놀랍기 짝이 없다. 좋은 아이디어이긴 한데 한편으로는 얼마나 강력한 향이기에 생물체를 차단할까 싶다. 벌레 쫓다 사람도 중독되는 건 아닐지 새삼 걱정이 된다.

천연 섬유유연제 만들기

- 준비물: 정제수 800㎖
  중조(베이킹 소다) 200g
  식초 100㎖
  레몬즙 10㎖
  레몬 에센셜 오일 20방울

1. 정제수를 50도로 가열한다.
2. 가열된 정제수에 중조를 넣고 섞는다.
3. 식초를 넣고 저으면 중조를 넣었을 때보다 많은 거품이 생긴다. 거품이 잦아질 때까지 3~5분 정도 잘 섞어준다.
4. 거품이 적어지면 레몬즙을 넣고 다시 섞는다.
5. 온도가 40도로 내려가면 레몬 에센셜 오일을 넣고 섞는다.
6. 식으면 용기에 담아두고 쓸 때마다 중조가 섞이도록 흔들어 사용한다. 1회 사용 시 60~120㎖ 정도 사용하면 된다. 종이컵으로 계량하면 2.5~5㎝ 정도.

주방용 세제
— 먹고 마시는 계면활성제

주방용 세제는 제품의 특성상 피부와 직접 접촉하기 때문에 인체 안전성을 위해 피부 자극성 유무 확인이 중요하다. 따라서 저자극성과 친환경성이 주방용 세제 선택의 중요한 관점이 되고 있다.

그러나 소비자보호단체들이 국내에서 유통되고 있는 80여 종의 주방용 세제류를 분석한 결과 사용에 문제가 있는 원료가 함유된 제품들이 의외로 많다고 발표한 바 있다. 식기 등에 잔류한 소량의 계면활성제를 오랫동안 지속해서 섭취하면 인체에 어떤 영향을 주는지에 대한 연구는 아직 미미한 수준이지만 일본을 비롯한 선진국에서 체계적인 연구를 진행하는 중이다.

그러나 인체가 지속해서 계면활성제를 섭취하면 어떤 형태로든 만성적인 결과로 나타나리라는 것에 대해서는 모든 학자가 공감하는 바이며 특히 유아나 어린아이들에게 유해하다는 건 잘 알려진 사실이다.

입으로 계면활성제를 섭취하는 경로는 식기세척 시의 잔류물을 통해서, 그리고 수중에 유입된 계면활성제를 어류나 패류가 섭취한 뒤 먹이사슬에 의해 인체로 이동된 경우, 식품 등이 오염된 경우를 대표적으로 들 수 있다.

대부분의 세정제용 계면활성제를 입으로 섭취했을 때 급성 중독에 의한 치사량은 500g/1kg으로 유독성은 매우 낮은 편이다. 어느 정도까지는 다량 섭취를 해도 죽는 일은 거의 없다고 할 수 있으나, 그보다는 오랜 기간에 걸쳐 소량이지만 장기 섭취했을 때에 나타나는 만성 중독이 더 문제인 것으로 보고 있다.

아무리 세척을 잘한다 해도 식기에 계면활성제가 잔류할 가능성은 상당히 높다. 이를 방지하거나 낮추는 방법으로는 첫째, 주방 세제 원액을 수세미에 직접 묻혀서 사용하지 말고 반드시 물에 세제를 녹여 저농도로 희석한 세제 물에 식기를 담가 불린 후, 수세미 등으로 문질러 씻어내면 농도 희석 효과가 있다.

둘째, 반드시 흐르는 물에 3~4회 반복해서 헹궈야 하며 이때 수세미나 행주 등 그 식기 표면을 문질러 표면에 묻어 있는 세제가 씻겨 나가도록 한다.

셋째, 가급적 인체 유해성이 적은 주방 세제를 선택한다.

넷째, 식기는 세척 후 물이 완전히 빠지도록 엎어서 말린다. 그래야 내부의 물이 빠질 때 계면활성제도 함께 제거되는 효과를 볼 수 있다.

다섯째, 밀가루나 쌀뜨물을 활용하는 것이 천연 세제의 역할로 가장 좋은 방법이지만, 번거롭다면 천연 재료를 이용해 만든 친환경 주방 세제를 사용하고 앞에서 지적한 주의사항을 잘 지키면 만성적인 계면활성제 노출 방지에 효과를 볼 수 있다.

손에 좋은 천연 주방 세제 만들기

- 준비물: 코코넛 오일 330㎖, 가성가리(KOH) 88g, 설탕 18g, 정제수(가성가리 희석용) 88㎖, 정제수(설탕 희석용) 108㎖

1. 코코넛 오일을 70~80도 정도로 가열해둔다.
2. 정제수 108㎖에 설탕을 넣고 70~80도로 가열하여 녹인다.
3. 가성가리를 정제수(88㎖)에 조금씩 넣으면서 젓는다.

   [주의! 독성이 있는 연기가 발생하므로 마스크를 착용하고, 환기를 잘 시켜야 한다. 반드시 정제수에 가성가리를 조금씩 넣어야 한다. 가성가리에 정제수를 부으면 폭발 위험이 있기 때문이다.]
4. 코코넛 오일과 가성가리 용액을 섞는다. 블렌더나 거품기 등으로 거품이 부풀도록 열심히 저어준다. 블렌더 돌아가는 게 힘들 정도면 알맞게 한 것이다.
5. 여기에 설탕물을 붓고 잘 스며들도록 주걱으로 섞는다.
6. 반죽이 설탕 용액을 모두 흡수해서 끈적끈적한 상태가 되면 지퍼백에 밀봉하여 방 안이나 거실에서 보관한다.
7. 2주 정도 숙성하면 흰색의 페이스트가 갈색을 띤 반투명체로 변한다.
8. 정제수와 반죽을 1: 1 비율로 섞어 하루 정도 묵히면 녹아서 액체가 된다. 여기게 기름기와 음식 냄새를 제거하는 데 효과적인 녹차 우린 물이나 원두커피 내린 물, 글리세린, 레몬 에센셜 오일 등을 첨가하면 좋다.
9. 위 제조법에 따르면 약 600g 정도의 페이스트가 만들어지고 정제수와 희석하면 약 1,200㎖의 천연 주방 세제가 된다. 천연 주방 세제의 사용기간은 약 6개월이므로 처음 만들 때 알맞은 정도로 반죽을 떼어 만들고 남은 반죽은 1년간 두고 쓸 수 있으니 그늘지고 서늘한 곳에 보관하거나 냉장 보관한다.

CHAPTER 05

가전제품과 조리용 기구

전자파 — 소리 없는 살인마

경복궁에 최초의 전기제품인 건달불•이 밝혀진 후 전기제품은 늘 문명의 상징, 개화와 경제력의 상징으로 자리매김했다. 한때는 동네에 한 대뿐인 텔레비전이 온 마을을 묶어주는 매개체이기도 했건만, 오늘날 집집이 넘쳐나는 가전제품은 생활의 편리함과 문명의 이기를 넘어 오히려 이웃 간의 인정은커녕 가족끼리의 유대감 형성조차 기여하지 못 하고 있다. 게다가 가족의 건강마저 앗아가는 주범이 바로 집 안 가득한 가전제품이라면 불편한 동거를 하는 셈이다.

위협의 실체는 바로 전자파라 일컬어지는 전자기

건달불(乾達火)
우리나라 최초의 전등으로 자주 불이 꺼지고 유지에 비용이 많이 들어서 붙은 우스개 이름.

파이다. 전자기파는 전기장과 자기장의 두 가지 성분으로 구성된 파동으로, 공간을 광속으로 전파한다. 광자를 매개로 전달되며 파장에 따라 전파, 적외선, 가시광선, 자외선, X선, 감마선 등으로 나뉜다. 우리가 평소 '빛'이라고 부르는 가시광선 역시 전자기파의 일종이다.

이들은 진동 파장에 따라 각기 다르게 활용된다. 전파는 장파부터 마이크로파까지 라디오, TV, 무선전화, 휴대폰, 전자레인지, 레이더 등에 이용된다. 나머지는 주로 특수 분야에 사용된다. 적외선은 물리치료나 탐사장치 등에 쓰이고, 피부를 그을리게 하는 자외선, 방사선 촬영에 활용되는 X선, 그리고 핵반응에서 생성되는 방사선 감마선이 있다.

방사선은 눈으로 보이지도 손으로 느껴지지도 귀로 들리지도 않는다. 물론, 맛도 냄새도 없다. 그저 음식과 공기 중에 소리 없이 머물며 우리 몸에 들어온다. 일단 들어온 방사선은 우리의 피와 뼈에 있다가 죽어서 재가 되어서까지 번져 나가며 오염시킨다.

서서히 얼굴도 없이 보이지도 않는 괴물체가 옥죄어 오는 기운이 그 어떤 공포영화보다 무섭다. 과연 전자파와 방사선파에 대해서 무슨 재간으로 우리를 지켜낼 수 있을까!

전자파가 인체에 악영향을 미친다는 주장은 1950년대 미국에서 고압선이 지나는 마을의 주민들이 두통과 기억상실 등을 호소하면서 처음 제기되었다. 그전에는 군사용 레이더를 설치하고 점검하면서 강력한 전자파에 노출된 사람들이 대머리가 되거나 각종 질병과 암에 발생할 확률이 높았다고 하지만 원인을 알지 못했다.

공기, 물, 땅에 이어 제4의 공해로 대두하고 있는 전자파와 각종 질병과의 인과관계가 확실히 밝혀진 것은 아니다. 전자파는 무색무취이면서 눈에 보이지도 않고, 그 피해도 오랫동안 누적되어야 나타나기 때문에 원인 규명 자체가 어렵다. 그래서 대부분 단순한 피로 증상으로 오해하기도 한다.

대학졸업과 함께 결혼한 한 여성은 23세의 어린 나이에도 건강이 급격히 악화하여 지금은 2층 계단도 간신히 올라다닌다. 그녀는 습관성 두통과 혈액순환 장애, 잦은 발열을 겪고 있다. 매일 아침 자리에서 일어날 때마다 "미식축구 수비수에게 정면으로 부딪친 뒤 기차 바퀴에 깔린 듯한" 느낌에 시달린다고 한다. 의사는 그녀에게 만성피로증후군이라는 진단을 내렸다.•

분명한 것은 전자파가 몸 안의 신경전달체계에 부정적인 영향을 준다는 사실이다. 전자파는 전계와 자계로 이루어지는데 인체의 70%는 전기가 잘 통하는 물로 구성된 일종의 도체여서 전자파 에너지의 영향을 받는다. 또 거의 모든 물질을 통과하는 자계는 인체 내 혈액 속의 철 분자에 영향을 주는 것으로 추측되고 있다.

우리 몸의 신경은 약한 전기 신호로 정보를 전달하는데 전자파는 우리 몸의 전기 신호에 간섭을 일으키고 세포에 영향을 미쳐 세포 내부 간의 정보교환 작용 등에 혼란을 야기한다.

전문가들은 인체가 전자파에 장기간 노출되면 인체 내에 유도전류가 흘러 세포막 안팎에 존재하는 나트륨, 칼륨, 염소 등 각종 이온의 흐름을 방해하고, 호르몬 분비 및 면역체계에 이상을 초래한다고 보고 있다. 일본 노동성 산업의학종합연구소의 실험에서 혈액 중 면역기능의 중요한 지표가 되는 단백

• 앤 루이스 기틀먼, 『전자파가 내몸을 망친다』, 램덤하우스, 2011.

질에 전자파를 쏘자 암세포에 대한 공격강화 기능을 하는 TNF-α인자의 양이 통상 75% 정도로 떨어졌다고 한다. 유엔 산하 국제암연구소(IARC)가 1999년에 전자파를 발암인자 2등급으로 분류하고 '발암 가능성이 있는 물질'로 규정한 것은 바로 이런 위험성 때문이다.

한양대 산업의학연구소의 전자파 노출 직업 종사자와 주부들에 대한 조사에서는 전자파에 의해 멜라토닌이 1/2~1/8까지 감소했고, 성인 남성을 전자파에 노출시킨 채 취침하게 한 결과 멜라토닌 호르몬이 12.9~81.5%까지 감소했다.

멜라토닌은 송과선(뇌의 중앙에 있는 작은 내분비선)에서 분비되는 유일한 호르몬으로, 수면주기를 조절하고 사춘기 동안 성적 성숙을 유도하는 호르몬의 변화를 조절하는 호르몬이다. 심장병, 파킨슨병과도 관련 있는 멜라토닌은 아주 낮은 전자파에도 분비의 방해를 받는다.

이런 영향은 면역체계가 미성숙한 어린이와 청소년에게 더욱 치명적이다. 국립환경연구소의 전자파에 관한 연구 자료에 의하면 송전탑 등의 고압전자파 외에도 일상생활에서 사용하는 전기제품 등에서 나오는 전자파에 지속적으로 과다 노출된 아이들은 보통 아이들보다 백혈병 발병률이 두 배 이상 높다고 한다. 또 스웨덴과 덴마크의 공동연구진은 5mG(1mG은 1/1000G) 이상의 자계에 노출된 아동들의 백혈병 발병률은 그렇지 않은 쪽에 비해 다섯 배나 높았으며, 임파선암 및 뇌종양의 네 배나 증가했다는 내용의 논문을 게재한 바 있다.

전자파에 지속해서 노출하면 각종 암에 쉽게 걸리고, 태아 사망과 기형아 출산율이 높아진다는 동물실험 결과도 있었다. 전자파에 노출된 생쥐들과 그 대조군의 실험에서 임신율은 70% 정도로 별 차이가 없었으나 전자파에 노출된 생쥐들은 군마다 2~5개의 종양이 발견됐다. 전자파 노출군은 대조군에 비해 임신 중 사망 가능성도 최고 10배 이상 높았고, 태아의 기형율도 10~20.3%여서 대조군의 5.3%보다 1.9~3.8배 높았다. 노출군에서는 두 개 골의 일부가 형성되지 않아 뇌가 노출된 생쥐나 복부 장기가 노출된 생쥐, 언청이 생쥐 등이 태어나는 치명적인 결과를 낳았다.

한편 미국 카이저 재단 연구소에서는 하루에 최고 16mG의 전자파에 노출된 임신부는 그렇지 않은 임신부에 비해 유산할 확률이 2배나 높다고 밝혔다. 16mG은 텔레비전을 50㎝ 정도 떨어져서 시청할 때 나오는 전자파의 양이다.

정리하자면 전자파는 두통, 안면 통증, 감각마비 등의 증상을 유발하고 안구 자극, 피부발진, 가려움증, 호흡곤란, 현기증 등의 증상을 가져오기도 한다. 간혹 귀 통증, 기억력 감퇴 등도 보고되고 있으며, 체내 교란 작용을 통해 백혈구의 활동과 면역력을 약화한다. 두통, 현기증과 같은 가벼운 증세에서부터 피부암, 백내장, 뇌암, 유방암, 임파선암, 백혈병과 유산에 이르기까지 광범위하게 병인으로 작용한다.

일시적으로 강한 전자파를 받거나 약한 전파에 장시간 동안 노출되면 일반인에게 허용될 수 있는 정도의 전자파에도 과민한 자각증상을 보이는 전자파 과민증이 생긴다. 전자파 과민증은 중추신경이나 자율신경의 기능장애로 나타나고 신체 13곳 부위의 이상 증상을 관찰할 수 있다. 눈의 통증이나 시력저하, 피부의 건조와 홍조, 혹은 여드름, 코막힘과 콧물, 얼굴의 부종, 구강 내 염증이나 쇠 맛의 느낌, 치아 및 잇몸의 통증, 점막 건조 및 심한 갈증, 기억 상실과 우울증까지 동반할 수 있는 심한 두통, 집중력 결여 및 피로, 구토 및 현기증, 어깨나 팔 관절 등의 통증과 결림, 팔다리의 저림과 마비 등이 그것이다.

전자파의 영향은 거리의 제곱에 반비례한다. 그러므로 전자제품에서 멀리 떨어지면 떨어질수록 피해가 적어진다. 또 전자제품을 사용하지 않을 때에는 전원을 뽑아 지속적인 마이크로파의 방출을 막는 습관을 들이는 게 좋다.

물론 근원적으로 전자파를 차단하는 방법은 되도록 전자제품을 사용하지 않고 갯수도 줄이는 것이다. 하지만 현재 사용하고 있는 각종 전자제품의 전자파 피해에 대해 알고 그 대처법을 아는 것, 그리고 가능한 한 무분별한 전자제품의 사용과 남용을 피하는 것이 바로 우리가 선택할 수 있는 눈에 보이지 않는 적에게 대항하는 현명한 길이다.

▷ 나와 한 몸인 무서운 시한폭탄! 휴대전화

영국암연구소는 2009년 진행된 여러 연구에서 스무 살이 되기 전 휴대전화를 사용한 사람은 악성종양에 걸릴 확률이 사용하지 않는 사람의 5배 이상이라는 결과가 발표되었다. 이는 휴대전화 전자파는 면역체계가 성인보다 약한 18세 이하 청소년과 어린이에게 신경계통의 질병을 유발할 가능성이 높다는 경고와 무관하지 않다. 결국, 전자파는 라디오의 혼선을 유발하는 방해전파처럼 전자파가 일정한 리듬을 유지하는 뇌파의 질서를 헝클어뜨려 그 영향으로 나이가 어릴수록 기억력 감퇴, 불면증, 두통 같은 증세가 쉽게 나타날 수 있다고 한다.

장년기부터 휴대전화를 사용한 사람도 그렇지 않은 사람에 비해 악성종양이 발병할 위험률이 1.5배 높으며 가정용 무선전화를 10년 이상 사용한 사람한테서도 같은 위험이 발견되었다고 스웨덴 종양학 전문가인 렌나르트 하르델 박사는 주장했다.

휴대폰의 전자파는 혈뇌장벽 기능과 연관된 HSP-27 단백질의 활동을 증진시켜 혈액 속 유해물질의 뇌 조직 유입을 가능케 할 수 있고 이것이 두통, 피로, 수면장애를 가져올 수 있으며 알츠하이머병과도 연관이 있을 수 있다. 게다가 휴대폰에서 발생하는 전자파가 정자의 수를 30%까지 감소시킨다.

휴대전화의 안전성에 관한 연구결과는 가히 충격적이다. 스웨덴 국립노동연구소(SNIWL)주관으로 뇌종양 진단 환자 900명을 대상으로 조사를 진행한 결과 휴대전화 사용 빈도와 기간에 따라 휴대전화가 닿는 쪽 머리에 악성종양이 발생할 확률이 일반인보다 2.4배 높다는 사실을 밝혀냈다. 호주의 캔버라 병원 비니 쿠라나 박사도 10년 넘는 휴대전화 사용 기간에 관한 확인 가능한 모든 연구를 대상으로 한 메타 분석 결과, 휴대전화를 오래 대고 있는 쪽 머리에서 뇌종양이 발병할 위험이 반대쪽 머리의 두 배라는 사실을 발견했다. 또한, 미국 매사추세츠 메이요 병원에서도 휴대전화 사용 기간과 뇌종양과의 강력한 연관성을 밝혀냈다. 그 외에도 많은 연구로 하여금 휴대폰 전자파가 백혈병과 뇌종양의 원인을 제공한다는 사실은 오래전부터 경고됐다.

휴대전화에서 발사되는 전자파는 뇌 속의 한 부위를 집중적으로 공격한다. 전자파가 열점(hot spot)에 집중되는 렌즈 효과 때문이다. 이 열점에서는 DNA의 손상이나 세포가 망가질 수 있어 뇌는 아주 심각한 피해를 입는다.

2001년 프랑스 국립응용화학연구소는 530명을 대상으로 휴대전화 기지국의 영향에 관한 역학 조사를 세계 최초로 하였는데, 그 결과 기지국에서 300m 범위에 사는 주민에게 두통이나 권태감, 수면장애 등의 증상이 많이 발생하는 것으로 밝혀졌다. 반면 휴대전화 회사 측은 '휴대전화의 안테나 주변과 비교해도 수백분의 1 정도이기 때문에 문제가 없다'고 주장했으나 미약한 전파일지라도 지속해서 매일 24시간 노출될 때 건강에 해롭다는 사실이 증명된 것이다.

또한, 남캘리포니아대학에서는 10mG 이상의 전자파에 노출되는 직업에 종사한 사람은 전자파와 상관없는 일을 한 사람에 비해 알츠하이머병에 걸릴 확률이 3배나 높았다고 보고했으며 독일 프라이부르크대학은 전자파로 인한 동맥 수축은 혈압 상승으로 인해 심장발작의 위험이 커질 수 있으므로 휴대전화 사용에 주의가 필요하다.

그뿐만 아니라 레이더 통신기지와 무선 송신탑 근처에 사는 사람들에게서 소아백혈병과 호지킨 림프종 등 암의 집단 발병 사례가 보고되기도 했는데, 실제로도 이스라엘 조사에서는 무선 송신탑 인근 거주민에게서 유방암, 호지킨 림프종, 뼈암, 췌장암, 자궁암, 폐암 등 온갖 암의 발병률이 전체 인구보다 4배가량 높은 것으로 나타났다고 한다.

지금까지 무선전화 송신탑 인근 주민의 흔한 증상은 수면 방해, 두통, 어지럼증, 우울증, 집중력 결핍, 근육 피로 등이었다. 이를 무선파 증후군이라고 불린다. 또 실제 사례로 스페인의 휴대전화 중계기지 근처에 있는 초등학교에서 약 50cm 떨어진 건물에 36개나 되는 휴대전화 중계 안테나가 설치되었는데, 그로부터 18개월 동안 450명의 어린이 중 4명이 암에 걸렸다고 한다.

이러한 휴대전화의 유해성을 우려하여 각 휴대전화 기종마다 SAR•(전자파 인체흡수율)을 공표하도록 한다. SAR은 전자파 에너지가 인체에 얼마만큼 흡수되는가를 비율로 표시하는 숫자를 말하는데 비록 늦은 감이 있으나 우리나라도 2014년부터는 표기를 의무화하고 있으므로 확인 후 구매해야 할 것이다.

SAR

SAR은 'Specific Absorption Rate'의 약자로, 우리 몸에 흡수 되는 기전력의 강도를 측정한 수치다.

휴대전화 전자파 방어 방법

• 방사선이 낮은 것을 구매하라.

SAR의 숫자가 적은 휴대전화를 고른다. SAR이 전화기 무게의 1kg당 1.6W 이하여야 하는데 유럽은 1kg당 2W까지 허용한다. 그러나 이 기준은 성인에 맞춰져 있으니 어린이의 두개골은 어른의 그것보다 작고 얇아서 방사선을 많이 흡수할 뿐 아니라 세포도 계속 성장 중이므로 더 큰 위험에 처할 수 있다. 아무리 훌륭한 SAR 지수를 가진 휴대전화라도 머리에 얼마나 오래 접촉하고 있느냐에 따라 충분히 위험할 수 있음을 명심하라. 가급적 공기 튜브형 이어폰을 쓰거나 문자 메시지로 대신하도록 한다.

• 스피커폰 기능을 써라.

무선 신호는 안테나에서 떨어질수록 그 영향력이 약해지므로 휴대전화를 머리 가까이 대지 않는다면 어떤 방법을 쓰는 것보다도 에너지파나 EMF를 낮추는 데 도움이 된다. 휴대전화는 5cm만 떨어져도 신호가 원래 강도의 4분의 1로 줄어든다. 따라서 가능한 한 스피커폰 기능을 이용하던가, 핸즈프리의 무선 이어폰이나 페라이트(탄소가 없는 순수 형태의 철로 전자제품에 많이 사용됨) 구슬을 넣은 전선 보호대를 사용하는 방법도 있다.

• PDA는 사용 시간을 최대한 줄여라.

블랙베리, 아이폰, 트레오• 는 이메일이나 인터넷을 쓸 때 컬러 디스플레이의 주 에너지인 배터리 소모가 매우 커서 휴대전화보다 높은 기전력을 방출한다고 했다.

트레오(Treo)
개인 비서처럼 쓰이는 손바닥 크기의 기기

휴대전화 전자파 방어 방법

• 번호를 누르고는 바로 팔을 뻗어라.

전화기 신호가 울릴 때(사실상 가장 강한 신호가 전송되는 시점)만이라도 귀에 가까이 대지 않도록 한다.

• 호주머니에 넣지 마라.

최근 연구에서 휴대전화를 호주머니에 넣고 다니는 사람이 그렇지 않은 사람보다 정자 수가 25% 적다는 결과가 발표되었다. 고환 막은 서로 다른 밀도를 지닌 전자파를 흡수하는데 특히 취약하다고 한다. 또한, 산모가 휴대전화를 들고 다니는 것도 태아에 위험하다고 지적한다. 굳이 전화기를 소지하려면 지갑이나 서류가방 속에 넣도록 한다. 최근에는 전화기 전자파를 반사하는 가죽 케이스나 특수 소재의 지갑들이 나왔다.

• 잘 때 머리맡에 놓지 마라.

눈 떠서 감을 때까지 함께 곁에 두는 휴대폰이지만 절대 함께 잠드는 일이 없어야 한다. 기전력은 멜라토닌 생성을 억제할 뿐 아니라 세포의 DNA 손상을 방어하는 유리기 제거 기능까지 사라져 암 등의 발병 원인이 된다.

▷ 현대인에게 꼭 필요한 것들

– 컴퓨터와 텔레비전의 피해 사례

컴퓨터와 텔레비전이 없는 생활을 상상할 수 있을까? 허전하고 답답해서 혼란스럽고 사회와 단절된 느낌마저 갖기 쉽다. 그래서 현대인들이 자유롭고 정신적 휴식이 필요할 때 제일 먼저 없애는 것 또한 이 두 가지이다. 다음의 사례들은 우리 생활 속에 잠식하여 우리의 몸을 공격하고 있는 컴퓨터와 텔레비전의 실체를 볼 수 있을 것이다.

컴퓨터와 텔레비전의 피해 사례

①PC방 자주 간 사람, 남성 호르몬 적다

출처: 중앙일보, 2001. 1, 8.

서울대 환경의학연구소가 2000년 4월부터 만 15~29세 남자 중 PC방 상습 이용자와 일반인 백 명씩의 혈액을 추출해 조사한 결과, PC방을 즐겨 찾는 사람들이 일반인보다 남성호르몬인 테스토스테론의 농도가 낮은 것으로 조사됐다. 테스토스테론이 부족할 경우 성장기 청소년들의 성(性), 신체 발육에 장애를 초래할 우려가 있다. 일반적으로 컴퓨터 사용 시간이 길수록 남성 호르몬 농도가 낮아진다는 사실이 밝혀졌다. 평소 컴퓨터를 이용하는 사람의 경우, 하루 1시간 미만 이용자는 4.68(이하 단위 nmol/ l), 1~2시간 이용자는 4.18, 2시간 이상 이용자는 3.89인 것으로 나타났다.

컴퓨터와 텔레비전의 피해 사례

② '디지털 교과서 활용이 학생과 교사의 건강에 미치는 영향 분석 연구'

출처: 전자신문, 2013. 3. 10.

8개월간에 걸쳐 진행된 이번 조사는 디지털 교과서를 1년 이상 사용한 초등학교 6학년 40명을 대상으로 한 심층면접과 교사·전문가 21명의 포커스 그룹 토의, 전자파·안구 증상·손목 증후군·뇌파 등에 대한 측정으로 진행됐다.

안구와 손목 관련 증상의 경우 아직 유의미한 문제점이 드러나지 않았지만, 전자파의 경우 교실 내 전자기기가 늘면서 전자파에 대한 노출 위험도 갈수록 커지는 것으로 나타났다. 특히 교실 내에서 PDP TV나 교사 컴퓨터·전자교탁 등과 가장 가까운 맨 앞줄과 에어컨 옆자리의 전자파가 가장 높았다. 디지털 교과서를 실행하는 태블릿PC와 적정 거리인 50cm를 유지하지 않고 20cm 이하로 가깝게 다가갔을 경우 전자파 수치가 훨씬 높았다. 또 심층면접 및 토론 결과, 교사들은 30대 가량의 태블릿PC를 동시에 가동하면서 발열로 인한 불쾌한 환경이 조성된다는 의견을 다수 제시했다. 많은 학생은 인터넷 접속이 끊김에 따른 스트레스를 가장 큰 심리적 문제점으로 지적했다.

컴퓨터와 텔레비전 안전하게 사용하기

- 컴퓨터 사용은 선을 연결하라. 인터넷은 유선 방식을 쓰고 필요한 컴퓨터만큼 추가로 인터넷 선을 연결하자.
- 노트북은 전원이 켜져 있을 때나 그렇지 않을 때나 해로운 기전력을 방출하므로 테이블이나 책상에 올려놓고 사용한다. 무릎 위에서 노트북을 작동시키기 전 노트북용 보호 실드를 씌워두고 사용하지 않을 때는 컴퓨터 프로그램에서 무선 인터넷 연결도 꺼두는 것이 좋다.
- 모니터는 좋은 것을 골라라. LCD로 바꾸는 것이 기전력의 방출량을 줄이는 현명한 방법이다.
- 의자 위치를 점검하라. 컴퓨터 앞 의자는 가급적 벽 속에 설치된 전선들이나 데스크톱 컴퓨터 전원과 같은 기전력 공급원으로부터 멀리 떼어놓는 것이 좋다. 벽 속의 전선과 서지 보호기, 각종 콘센트는 물론이고 컴퓨터 본체까지 몸에서 1m 이상 떼어놓아야 한다.(150cm 정도가 가장 적당하다.)
- 새로운 제품으로 바꿔라. 브라운관이 오래된 텔레비전은 전자파를 더 많이 발산하기 때문이다. 구매 시 액정타입으로 사도록 하자.
- TV에서 떨어져라. 2m 정도 거리에서만 봐도 전자파나 빛의 영향은 훨씬 줄어든다. 임산부와 어린이는 가급적 텔레비전에서 멀리 떨어져 시청하자.

전자제품별 전자파 방출량과 확보해야 할 안전거리•

‖ 전자레인지 ‖ (방출량 76.9mG/안전거리 2m)

작동할 때는 물론이고 작동하지 않을 때도 항상 예열상태에 있기 때문에 많은 양의 전자파가 나온다. 높은 곳이나 구석진 자리에 두고, 사용하지 않을 때는 플러그를 뽑아둔다.

‖ 헤어드라이어 ‖ (방출량 64.7mG/안전거리 0.1m)

전기장과 자기장 모두를 많이 방출하므로 멀리 두고 짧은 시간 사용한다. 30cm 이상 거리라면 자기장 방출 영향이 없지만, 어린이는 사용하지 않는 것이 좋다.

‖ 진공청소기 ‖ (방출량 52.7mG/안전거리 1m)

진공청소기 몸체와 일정 거리를 두고 짧은 시간만 사용하고, 어린이는 접근하지 않도록 한다.

‖ TV ‖ (방출량 22.6mG/안전거리 1.5m)

옆면보다는 뒷면에서 많은 전자파가 나온다. TV 시청이 많은 어린이의 멜라토닌 분비가 현격히 감소하니 주의한다.

‖ 전기장판 ‖ (방출량 15.8mG/안전거리 측정 불가)

전기담요, 전기장판 등은 어린이와 임산부가 절대 사용하면 안 된다. 주로 인체의 신진대사가 저하된 상태에서 사용하는 데다 몸과 완전히 밀착하는 것이라 매우 위험하므로 꼭 사용해야 한다면 잠자기 전에 가열해 두었다가 잘 때는 전원을 끄는 것이 좋다. 전기장판 위에 두께가 5cm 정도 되는 두꺼운 요를 깔면 전자파 감소에 도움된다.

• 국립환경연구원: 전자제품별 전자파 방출량과 안전거리

‖ 컴퓨터 ‖ (방출량 8.1mG/안전거리 0.6m)

일주일에 20시간 이상 컴퓨터 옆에 앉아 있는 임신부의 유산 발생률이 80% 이상 높아진다는 연구결과가 있으므로 임신 3개월 산모는 컴퓨터를 사용하지 않거나 노트북 컴퓨터 사용을 권한다. 임신 4개월부터는 주당 20시간 이상의 컴퓨터 사용을 금지하고 1시간에 10분씩 휴식한다. 모니터에서 50cm만 떨어져도 전자파가 86% 이상 감소하고 액정 화면 등에서는 전자파가 거의 나오지 않는다고 한다.

‖ 세탁기 ‖ (방출량 6.9mG/안전거리 1m)

세탁기가 작동하는 동안에 멀리 떨어지는 것이 안전하다. 특히 탈수 시에는 어린이의 접근을 막는다.

‖ 냉장고 ‖ (방출량 3.5mG/안전거리 0.5m)

오른쪽 하단 압축기에서 전자파가 많이 나오므로 근처에서 어린이가 놀지 않게 한다.

‖ 오디오 ‖ (방출량 2.8mG/안전거리 1m)

사용하지 않을 때는 플러그를 뽑고 침실 쪽에 두지 않는다.

‖ 에어컨 ‖ (방출량 2.2mG/안전거리 2m)

공기정화 기능이 있는 에어컨은 전자파 방출량이 높은 편이므로 주의한다.

‖ 책상 형광등 ‖ (1.8mG/안전거리 0.6m)

형광등 탁상 스탠드는 머리에서 최소한 0.6m 이상 떨어뜨려 사용한다. 백열등 전기스탠드는 형광등보다 전자파가 덜 나오는 것으로 알려졌다.

‖ 선풍기 ‖ (1.8mG/안전거리 0.5m)

안전거리만 지키면 별 문제없다.

‖ 전기면도기 ‖ (방출량 1mG/안전거리 측정 불가)

얼굴에 밀착시켜 사용하므로 전기담요와 비슷하게 전자파의 영향을 많이 받는 제품이다. 건전지용 면도기는 교류 전원용 면도기에 비해 훨씬 약한 전자파를 발생한다.

‖ 김치냉장고 ‖ (방출량 0.9mG/안전거리 0.5m)

어린이가 근처에서 놀지 않도록 주의한다.

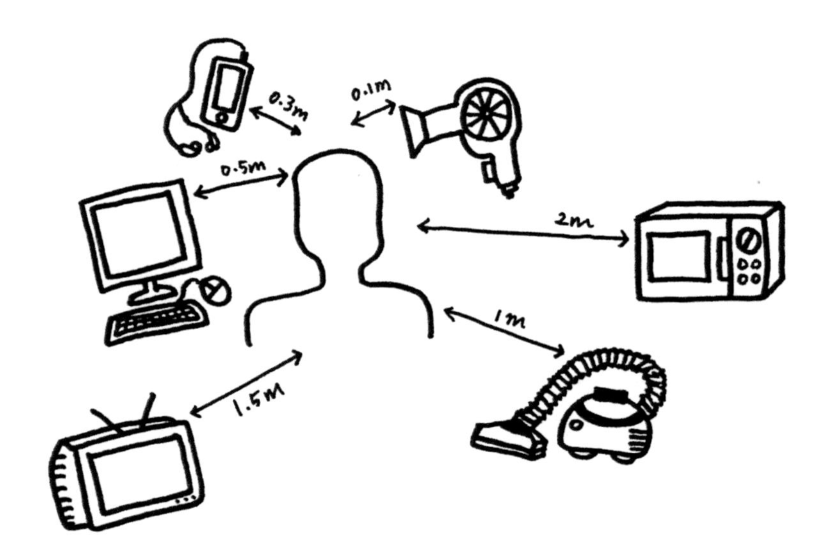

건강한 전자파 처방전

- 잘 때는 전자제품의 플러그를 빼거나 전원을 차단한다.
- 전자제품 작동 시에는 자연환기를 시킨다.
- 침실에는 가급적 전자제품을 두지 않는다. 침대나 이불은 콘센트나 벽에서 멀리 둔다.
- 벽 너머의 냉장고와 텔레비전 위치를 고려하여 침대와 책상을 배치한다.
- 숯이나 전자파 차단에 뛰어난 식물을 배치한다.
- 선인장이나 동전은 전자파 차단에 큰 효과가 없다.
- 전기면도기, 안마기, 전기장판, 헤어드라이어 등 밀착형 전자제품의 사용을 줄인다.
- 컴퓨터는 본체와 프린터 모두 전자파를 방출한다. 장시간 작업을 피하고 휴식을 취한다. 임산부나 가임 남녀는 특히 주의하고 일반인도 4시간 이상 하지 않는다. 노트북 전자파의 발생량이 상대적으로 적다.
- 무선전화기보다 유선전화기를 사용한다. 휴대전화도 안테나를 올리고 이어폰을 사용한다.
- 통화할 때 전자파 방출이 더 많으므로 휴대전화 통화는 간단히, 신체에 직접 접촉을 피한다. 휴대할 때는 심장 가까이나 생식기 주변(와이셔츠와 바지 주머니)에 보관하지 말고 가방에 넣어 다닌다.
- 송전탑, 고압선 등 강력한 전기가 흐르는 곳에 살지 않는다. 고압선로 부근의 주택은 구리판, 특수섬유 등 전자파 차단물질을 사용하여 피해를 줄이도록 한다.
- 컴퓨터 등의 정보통신기기는 MIC 마크, 전기제품 EK 마크(전기용품 안전인증)가 부착된 것이 좋다.
- 크고 새것일수록 더 많은 전자파를 방출한다. 오래되고 작은 제품이 더 경제적이다.
- 가능한 한 전자제품의 소유와 사용을 줄이는 생활방식을 실천한다.

에어컨과 가습기
— 관리 못하면 미생물 번식지

도시 생활 특히 아파트 주거가 늘면서 에어컨과 가습기, 공기정화기 등이 필수품으로 등장했다. 모두 필터를 이용해서 공기나 물을 걸러 실내공기의 질을 확보하고 온습도를 적정 상태로 유지하기 위한 장치들이다.

이때 실내 온도를 적정 수준으로 유지하려고 환기를 하지 않으면 실내공기는 더욱 오염되기 마련이다. 자연환기가 불충분한 상태로 에어컨을 사용하면 당연히 실내공기가 건조해지고 오염이 가중되어 목이 따갑거나, 가래, 코막힘 등의 호흡기 질환이 쉽게 생긴다. 반드시 자연환기로 공기를 순환시키는 것이 전자파와 각종 필터에서 생성되는 곰팡이 및 유해 세균, 연소가스 등을 줄이는 최선의 방법이다.

에어컨 필터는 집 안 먼지의 집합소이다. 습하고 더운 공기를 빨아들여 열을 증발시키고 찬바람을 실내에 공급하는 과정에서 당연히 방 안의 공기를 걸러 주는 필터는 미세먼지와 곰팡이, 각종 냄새를 흡착하게 되는데 그냥 방치하면 그대로 미생물 배양장이 되고 만다. 이런 더러운 필터를 그대로 두고 에어컨을 다시 작동시킨다면 온 집 안에 미생물과 세균을 구석구석 내뿜는 꼴이 될 것이다. 결국, 주객이 전도되어 사람의 폐로 오염된 공기를 필터링하는 셈이 된다.

그러므로 에어컨의 필터는 여름철이 지나면 반드시 청소해야 하고 작동 전에도 다시 점검해야 한다. 여름 이후 에어컨을 보관할 때는 필터를 청소하고 내·외관을 말끔히 해서 면 소재의 덮개를 씌워 보관한다. 에어컨 환풍구를 랩으로 싸두면 먼지가 들어가는 것을 방지할 수 있다.

에어필터에 붙은 먼지나 오물은 진공청소기로 청소하든가, 40℃ 이하의 물 또는 중성세제로 씻어내면 된다. 가정집이나 사무실에서 사용하는 에어컨 필터는 2주 1회 정도 청소하는 것이 알맞고 청소를 한 에어필터는 완전히 건조해서 다시 부착해야 한다. 그리고 4~6시간 정도 송풍운전을 시켜 에어컨 내부의 습기를 말려두면 다음 해 사용할 때 악취 없이 건강한 에어컨을 사용할 수 있다. 송풍은 여름철 에어컨 사용 후에 반드시 해야 하는데 찬바람을 내 뿜은 후 송풍 과정 없이 전원을 꺼 버리면 오히려 곰팡이가 생길 우려가 있기 때문이다.

집에 알맞은 습도를 조절해주는 가습기는 위생 관리가 가장 중요하다. 특히 겨울철에 난방기와 함께 사용하는 경우 관리를 소홀히 하면 곰팡이나 세균 번식의 온상이 되기에 십상이다. 노약자나 어린이, 호흡기 질환자가 가습기를 잘못 사용하면 오히려 호흡기 질환을 유발하거나 더욱 악화시킬 수 있으므로 유의해야 한다.

가습기에 사용하는 물은 끓여서 식힌 물이나 정수된 물을 사용하고 물통과 수증기를 발생시키는 몸체는 매일 씻어주는 것이 좋다. 미지근한 물에 적신 헝겊으로 부드럽게 닦아주고 급수통은 청소용 솔이나 스펀지를 이용해 닦아준다. 세제를 사용하면 세제 찌꺼기가 남아서 수증기와 함께 배출될 수 있으므로 세제는 사용하지 말고 부드러운 스펀지로 물 때를 씻어내면 된다. 진동자는 일주일에 한 번 가습기 안에 들어 있는 작은 솔이나 헝겊을 이용해 표면에 손상가지 않게 청소한다. 그리고 가습기를 가동하지 않을 때는 반드시 물을 비우고 내부를 청소한 후 건조시켜 두었다가 사용할 때 물을 넣어 사용하도록 한다. 가습기는 청소가 가장 중요한 만큼 구매할 때 청소가 쉬운 모델인지를 살펴야 편리하게 사용할 수 있다.

가습기의 위치는 적어도 몸에서 1m 이상 거리에 두고, 머리맡에 두지 않는 게 좋다. 가습기를 머리맡에 두면 배출구에서 나오는 수증기를 바로 들이마시게 되므로 주의해야 한다. 또 수증기에 의한 호흡기 장애 발생이 염려되는 경우라면 직접 가습보다는 간접 가습이 좋다. 가습기를 다른 방에 두고 틀어서 습도를 조절하는 방식이라면 호흡기가 약한 사람도 안전하게 가습효과를 볼 수 있다.

초음파식 가습기는 찬 수증기가 나와 기관지가 좋지 않거나 천식이 있는 경우 증상을 악화시킬 수 있으므로 피하는 것이 좋다. 가열형 가습기는 물을 끓여서 수증기를 배출하기 때문에 어느 정도 살균 효과가 있어 아이가 있는 가정에서 많이 사용하고 있으나, 이 또한 완벽한 살균이 되는 것은 아니므로 가습기 청소를 소홀히 하면 안 된다.

가습기 사용이 여의치 않은 경우에는 실내공기정화에 좋다고 알려진 식물들을 키우거나, 실내 분수대나 수족관 등을 설치하는 것도 실내 장식과 가습의 이중 효과를 보는 좋은 방법이다. 그러나 이러한 방법들 역시 가습기와 마찬가지로 위생 관리에 주의를 기울여야 한다.

음이온 공기정화기
— 스모그에 주의하라

시중에 음이온의 공기정화작용과 살균작용, 혈액 정화 및 세포 활성 작용이 알려지면서 에어컨이나 공기정화기에 음이온 기능을 더 한 제품이 많은 선을 보였다.

이온은 전기를 띤 미립자로 원자 또는 분자가 전자를 얻거나 잃어서 마이너스 또는 플러스의 전기를 띤 것이다. 그중 음전하를 띤 것을 음이온이라 하는데 공기 중의 음이온은 대부분 산소 음이온으로 호흡 활동이나 피부를 통해 체내에 흡수되면 신진대사를 원활하게 하고 면역체계를 활성화하여 자연 치유력을 증진해 준다.

폭포수 인근이나, 비가 올 때 음이온이 발생하고 숲 속 공기에는 음이온이 양이온에 비해 약 20% 많으며, 순수한 공기가 안정된 상태일 때 음이온과 양이온의 비율은 약 1대 1.2라고 한다. 우리가 음이온을 몸으로 느낄 수 있는 제일 좋은 곳은 폭포나 소나무 숲인데 이런 곳에서 느낄 수 있는 공기의 상쾌함은 바로 음이온에서 비롯된 것이다.

음이온 공기정화기는 실내에서 활동하는 시간이 길어진 현대인이 일상생활 속에서 음이온을 느낄 수 있도록 개발된 것이다. 음이온 공기정화기는 여러 종류의 필터를 사용하여 실내공기를 정화하고 음이온을 발생시켜 준다. 일차로 실내 먼지를 모아 양전하를 띠게 한 후 그런 미세먼지를 음극에서 포집하여 중화시키고, 탈취와 정화 과정을 거친 깨끗한 공기에 음이온을 발생시켜 상쾌한 공기를 실내에 뿜어내는 원리이다. 음이온 공기정화기는 단순한 공기정화기보다 실내 오염 공기의 흡입이 우수하다. 그러나 이것이 음이온 공기정화기가 실내 화학물질을 완전히 제거해 준다는 뜻은 아니다.

또한, 부정적인 측면도 있는데 미국의 과학 전문 웹사이트 라이브 사이언스 닷컴(LiveScience.com)은 '공기정화기가 오히려 인체에 해로운 스모그를 발생시킬 수 있다'고 경고했다. 최근 실내공기 오염과 건강에 대한 관심이 증가함에 따라 우리나라에서도 공기정화기 사용이 늘고 있는 시점이라 이 경고는 주목할 필요가 있다.

음이온 공기정화기는 공기 중의 먼지를 전극봉으로 끌어들이는 과정에서 부산물로 오존을 발생시킨다. 이 오존은 밀폐된 공간의 공기 중에 있던 오존과 결합해 '스모그'를 생성한다. 오존층의 오존은 태양의 자외선으로부터 지구를 보호하지만, '스모그'로 불리는 실내 오존은 숨을 가쁘게 하고 인후염을 일으키며 천식을 악화시킨다.

따라서 공기정화기를 구매할 때는 반드시 오존발생량을 체크하고, 공기정화 능력을 고려해야 한다. 또한, 정화 면적보다 정화 용량이 조금 더 큰 용량의 제품을 구매하는 것이 좋다. 하지만 이보다 더 좋은 방법은 실내에 공기를 정화시켜주는 식물을 많이 기르고 매일 깨끗이 청소하고 환기하는 것이다.

공기정화기는 실내공기 청정도를 향상하기 위한 보조 역할을 할 뿐이지 전적으로 맹신하거나 의존하면 안 된다. 반드시 오염원 관리 및 환기를 병행하면서 사용해야 하는 물건이다.

공기정화기 구매 시 체크 사항

- 오존 발생 농도가 0.05ppm 이하인 제품인가?
- 필터의 성능과 오염물질 정화 능력은 어떠한가?
- 습도 조절, 음이온, 살균 등 꼭 필요한 기능은 무엇인가?
- 가동 시 소음은 어느 정도인가?
- 실제 사용 공간보다 공기정화 용량이 조금 더 큰 제품인가?

가스레인지 — 불완전 연소가 독소를 배출한다

주방에서 독소를 가진 오염원은 당연히 가스레인지와 오븐이 으뜸이다. 주방이 가정에서 가장 큰 오염원 배출지라는 사실은 바로 짐작할 수 있다. 미국 환경청이 '일반 가정에서의 실내공기 오염도'를 조사한 결과 전체 오염원의 평균 37%를 주방이 차지하고, 주방 오염원의 85%를 차지하는 것이 가스레인지와 가스 오븐이었다고 한다.

주방 오염은 레인지와 오븐을 사용할 때 발생하는 연소가스가 주요인이다. 푸르스름한 불꽃을 내며 가스가 연소하면 일산화탄소, 이산화질소, 이산화황, 폼알데하이드 등의 유해물질이 공기 중에 방출된다.

일산화탄소는 혈액의 산소 운반을 저해하여 뇌 신경을 손상시키는 가스이며, 이산화질소는 만성 폐 질환을 일으킨다. 또한, 폼알데하이드 같은 물질은 아무리 적은 양이라도 면역기능을 약화시켜 각종 장기를 약하게 하고, 공기 중으로 흩어지며 인체에 손상을 준다. 일산화탄소, 이산화질소, 폼알데하이드는 공통으로 정신 기능에도 큰 장애를 초래해 우울증, 의욕 저하, 신경과민, 염세증을 일으킨다. 우울증 환자 중 집에서 보내는 시간이 많은 주부일수록 우울 증상의 정도가 높은 경향을 보이는 것도 이런 영향이 없지 않아 보인다.

폼알데하이드, 이산화질소 같은 기체는 웬만큼 환기를 시킨다 해도 잘 빠져나가지 않고 집 구석구석에 밴다. 또한, 공기보다 무거워서 바닥에 가라앉는 경향이 있어 어린이나 보행기를 타거나 기어다니는 아기들에게 더욱 해롭다.

그러므로 매일 사용하는 가스레인지지만, 지혜롭게 사용할 필요가 있다. 먼저 후드는 플라스틱보다 알루미늄이나 스테인리스로 된 제품이 좋고 후드를 분리해 세척하기 쉬워야 한다. 그리고 가스레인지를 켤 때는 메인 밸브를 끝까지 활짝 열 필요가 없이 불이 켜지는 정도를 가늠해보아서 절반이나 삼 분의 이 정도만 열고 사용한다. 가스레인지를 켜는 순간에 가장 많은 유해물질이 나오므로 켜기 전 미리 창문을 열고, 레인지 후드를 먼저 켜서 순간적으로 발생한 유해물질이 잘 빠져나가도록 한다.

그 외에 후드는 일주일에 한 번 정도 청소하고 내부 필터를 늦지 않게 교환해주어야 한다. 후드에는 주로 기름때가 끼게 마련이므로 자칫하면 냄새가 나고 음식물 등이 튀어 말라붙고 부패하기 쉽다. 가족의 건강을 책임지는 음식물을 조리하는 곳인 만큼 위생과 청결, 환기에 부지런해야 한다.

가스레인지 사용법 STEP 5

1. 창문을 연다.
2. 후드를 켠다.
3. 밸브를 3/4만 연다.
4. 가스를 켠다. 이때 유해가스가 제일 많이 나오므로 잠시 숨을 멈춘다.
5. 가스 불꽃을 줄인다. 조리기구보다 큰 불꽃은 에너지를 낭비하고 유해가스 방출이 크다.

CHAPTER 06

플라스틱류

플라스틱 식기
— 식탁 위의 환경호르몬 덩어리

20세기의 획기적인 신소재 발명품 명단에서 그 첫 번째를 꼽는다면 단연 플라스틱을 꼽을 수 있다. 금속보다 가볍고 잘 깨지지 않으면서도 다양한 색상과 외관까지 쉽게 만들어낼 수 있고, 싼값에 대량생산까지 가능하니 순식간에 우리네 생활 전반에 파고들었다.

플라스틱은 가구와 주방용품, 장난감과 모든 가전제품의 외관재료와 섬유류까지 그 쓰임새가 너무도 광범위해서 일일이 열거하기도 어려울 정도이다. 사실 일상생활 용도뿐 아니라 자동차, 선박, 방탄제품과 의료용 등 산업 분야 전반에도 널리 쓰이고 있다.

대부분 플라스틱은 석유에 포함된 나프타를 이용하여 만든다. 나프타는 원유를 증류하면 생기는 광물성 휘발물질인데 이 나프타에 일정한 처리를 하여 분자끼리 엉기면 플라스틱이 만들어진다. 예를 들면 나프타에 염소 화합물을 처리하면 PVC라는 폴리염화 비닐이 생성되고, 또 다른 처리를 하면 페트병의 원료인 폴리에틸렌테레프탈레이트를 만들 수 있다.

현재 시중에 유통되는 플라스틱 용기는 탄소와 수소로 결합한 반투명 재질의 폴리프로필렌 제품과 화학물질인 비스페놀A를 원료로 하는 폴리카보네이트(PC) 제품의 두 가지로 크게 나뉜다. 이중 폴리카보네이트 소재에서 열을 받으면 인체의 내분비계에 이상을 일으키는 물질인 비스페놀A가 나온다는 주장이 수년 전에 제기된 상태이다.

플라스틱의 위험성은 이형이나 가소성 등을 위해 사용하는 물질들에 환경 호르몬의 위험이 지적된 물질이 상당수 사용된다는 것에 있다. 환경호르몬 물질로 알려진 프탈레이트나 비스페놀A뿐 아니라 카드뮴과 톨루엔 등의 독성 물질이 사용된다는 것은 소비자를 충분히 불안케 한다. 첨가제와 착색제, 촉매의 찌꺼기 문제와 함께 다 쓰고 난 후 폐기할 때도 재활용이 어렵고 환경 문제를 일으키는 것도 큰 골칫거리다.

최근 캐나다의 연방 보건성은 세계에서 처음으로 플라스틱과 에폭시 수지를 만드는데 광범위하게 사용되는 비스페놀A를 위험 물질로 공식 규정했다. 현재 산업계에서 가장 광범위하게 사용되는 화학물질의 하나이자 합성수지 제품의 필수 재료인 비스페놀A는 유리 내용의 투명 플라스틱과 식품용 캔 내부에 첨가되는 에폭시 수지, 유아용 젖병, 치과용 봉합제, 스포츠 헬멧, 콤팩트디스크 등에 사용되고 있다.

미국의 한 연구에 의하면 미국민 90%의 체내에서 여성호르몬 에스트로겐과 흡사한 분자 구조를 띤 형태로 비스페놀A의 잔여 흔적이 발견됐다고 할 정도로 그동안 비스페놀A는 생활 전반에 녹아들어 있는 위험한 물질이었다.

소량의 비스페놀A는 용기가 가열되거나 식기용 세제 사용 시 흘러나올 수 있다. 여러 실험 결과는 소량의 비스페놀A라도 유방암과 전립선암, 성조숙증, 뇌 구조 변형 등과 연관되는 호르몬 균형 파괴를 초래할 수 있음을 보여준 바 있다. 특히 태아나 신생아 시기의 노출은 그 위험성이 더욱 커진다.

그나마 플라스틱 중에서 가장 나은 것은 멜라민 수지라고 할 수 있다. 이유식 그릇이나 음식점에서 많이 사용하는 멜라민 그릇은 사기를 연상시킬 정도로 단단하고 윤이 나는 재질이다. 식물성 펄프로 만들어 덜 유해하지만 멜라민 수지를 모방한 경질 플라스틱 제품과의 구별이 어렵고, 진짜 멜라민이라고 해도 합성수지를 첨가해야 성형이 되는 만큼 인체에 해가 없다고 할 수는 없다. 또 멜라민 식기에 뜨거운 국 등을 담으면 발암성 물질인 폼알데하이드가 미량이나마 검출된다고 한다. 일본에서는 학부모들이 학교 급식에 멜라민 재질을 사용하지 못하도록 문제를 제기하기도 했다. 소각도 매립도 마땅치 않은 환경오염도가 높고 폐기마저 처치 곤란인 플라스틱 식기보다는 안전한 소재, 즉 유리나 스테인리스, 자기, 옹기 제품을 상용하는 것이 훨씬 현명한 일이다.

하지만 생활 전반에 사용되고 있는 플라스틱을 모두 없애기는 어려우므로 좀 더 안전하게 사용하기 위한 정보를 습득해서 다음 사항을 준수하도록 하자.

첫째, 가열하지 않는다. 어떤 플라스틱 제품이든 전자레인지에 돌리는 것은 가장 좋지 않은 방법이다. 젖병도 전자레인지에 넣지 않는 게 좋다. 젖병을 끓는 물에 소독할 때는 3~5분 이상을 넘지 않도록 한다. 플라스틱에서 환경호르몬이 인체로 흡수되는 과정은 그릇에 담긴 음식물에 녹아들어 인체에 들어오는 것이 보편적인 경로이다. 그러므로 플라스틱 용기에 뜨겁거나 기름기가 있는 음식을 넣는 것도 금지해야 한다.

둘째, 거친 수세미를 사용해 닦는 것도 좋지 않다. 흠집이 생기면 플라스틱 성분이 녹아나기 쉬워지므로 부드러운 수세미나 스펀지 등을 사용한다.

셋째, 즉석 음식을 전자레인지에 가열할 경우 유리나 도자기 그릇 등에 옮겨 담는다. 제조업체는 폴리프로필렌 소재라서 문제가 되지 않는다고 말하고 있고 레토르트 식품 포장재(액상 한약 등을 담는 포장재)의 경우는 다른 나라에서도 아직 환경호르몬이 검출된다는 보고는 없었지만, 그렇다 해도 전자레인지보다는 중탕을 이용하는 것이 더 안전하다.

넷째, 플라스틱 식기류를 손질할 때는 오래 사용해서 음식물에 얼룩이나 냄새가 밴 그릇은 쌀뜨물을 담아두거나, 세제로 깨끗이 씻어 햇볕에 말리는 방법 등을 이용하고 역시 부드러운 스펀지나 천으로 긁히지 않게 닦아낸다. 그리고 자동세척기에 금속성 식기와 함께 씻지 않는다.

다섯째, 색상이 현란한 저가 제품이나 재생 플라스틱 용기는 식품을 저장하는 용도로 사용하지 않는다. 보관할 때는 햇볕이나 화기로부터 멀리 떨어진 곳에 보관하고 전자레인지에 사용할 때는 전자레인지 사용 가능 표시가 있는 제품만 사용한다.

올바른 플라스틱 사용법

- 가능한 한 플라스틱 사용을 최소화한다.
- 낡은 플라스틱 용기는 스크래치 등으로 인해 프탈레이트가 흘러나올 가능성이 높으므로 사용하지 않는다.
- 플라스틱 용기를 끓이거나 삶지 않는다.
- 랩은 음식물에 직접 닿지 않도록 한다.
- 유아용품에는 가능하면 플라스틱을 사용하지 않는다.
- 가전제품도 몸체는 플라스틱이 주종을 이뤄 과열될 때 더 많은 양의 환경호르몬을 배출한다. 냉장고는 벽면과 5㎝ 이상 간격을 두고 텔레비전과 컴퓨터도 장시간 사용하지 않는다.
- 밀폐된 장소에 플라스틱 제품을 보관하지 않는다.
- 생수는 개봉 후 바로 마셔야 하며 플라스틱병에 든 생수는 가급적 먹지 않는다.
- 음식을 데울 때 플라스틱 용기를 사용하지 않는다.

종이컵, 비닐 랩, 포일
— 주방 삼총사의 숨은 위험

종이컵이나 스티로폼 용기 등 일회용기를 쓰지 않는 것도 중요하다. 우리나라의 연간 종이 사용량은 1인당 153kg으로 세계 9위, 종이컵 사용량도 연간 120억 개다. 종이컵의 연간 비용은 약 1,500억 원이며, 이를 위해 약 8만 톤의 천연펄프를 수입한다. 이는 50cm 이상 자란 나무 1,500만 그루에 해당하는 양이다. 종이컵의 처리 비용으로도 연간 150억 원이 소요되며, 종이컵 생산 시 배출되는 이산화탄소 배출량도 연간 16만 톤에 달한다. 나무 3만 그루가 있어야 정화할 수 있는 양이다. 또한, 종이컵은 코팅처리를 위한 폴리에틸렌을 벗겨야 하기 때문에 14%만 재활용되고 나머지는 매립·소각된다.

종이컵은 펄프로 만든 내부를 LDPE라는 저밀도 폴리에틸렌의 일종인 플라스틱으로 코팅 처리한다. LDPE는 상온에서 독성 기체를 내뿜는 PVC 같은 연질 플라스틱과는 달리 상온에서는 문제가 없다. 하지만 뜨거운 물을 부으면 미량이라도 톨루엔, 시안화수소 등의 독성물질이 나올 수 있고, 이를 장기간 섭취하면 정신이상, 우울증, 간, 신경계 장애를 일으킬 수 있다.

비닐랩은 남은 음식을 싸거나 전자레인지에 데울 때 쓰는 없어서는 안 될 제품이지만, 주의 대상이다. 시중 유통되는 랩은 일반적으로 PVC랩(폴리염화 비닐, 주로 업소용)과 PE랩(폴리에틸렌수지, 주로 가정용)이 있다. PVC랩은 유연성과 접착력을 좋게 하려고 가소제를 사용하고 있고, PE랩은 재질의 특성상 가소제가 사용되지 않으며,

PVC랩에 비해 유연성 및 접착력이 떨어진다. 랩에는 내열성을 높이거나 부드럽게 만들기 위한 안정제, 가소제, 난연재(불에 타지 않게 하려고 첨가하는 약제), 곰팡이 방지제 등 여러 가지 첨가물이 들어간다.

랩은 염화비닐리덴이라는 화학 물질로 만들어졌기 때문에 유방암 세포를 증식시키는 물질이 녹아 나올 수 있다. 이런 염소계의 랩은 불에 태우면, 다이옥신이라는 발암 물질이 생성되어 2차적 환경 피해를 준다. PVC랩에서는 환경호르몬인 디에틸헥실프탈레이트가 용출된 사건이 발생했다.

업계에서는 140~160℃를 넘지 않으면 유해물질이 나오지 않는다고 주장하지만, 랩을 사용할 때에는 직접 음식에 닿지 않도록 하는 것이 가장 중요하다. 특히 지방성분이 많은 식품(특히, 고온 즉석식품인 피자, 튀김, 어묵 등)에는 랩을 직접 접촉하여 사용하지 않도록 하고, 랩으로 포장된 식품의 경우에는 100℃를 초과하지 않는 상태에서만 사용하고 포장육 등 식품은 반드시 구매 후 바로 벗겨 내야 한다.

또한, 절대 랩으로 음식을 덮어 전자레인지를 사용하면 안 된다. 유리나 사기그릇으로 대체하자. 무엇보다 유해 화학물질이 첨가되지 않은 안전한 폴리에틸렌의 랩이나 열에도 변형되지 않아 사용 후 끓는 물에서 살균할 수 있는 플래티늄 실리콘 소재의 실리콘 랩을 구매해야 한다.

알루미늄 포일은 흔히 불판을 닦기 싫어서 고기를 굽거나 그릇에 씌워 설거지가 불편한 포장마차 등에서 자주 사용한다. 게다가 뜨거운 닭꼬치 등과 같은 음식을 계속 기름과 더불어 끓여서 만드는 경우도 있어 먹는 음식을 포장하는데 누구도 주저하지 않는다. 위해성에 대한 경계심 없이 오히려 깨끗하고 위생적으로 안전하다는 인식이 더 많다. 그러나 알루미늄 포일은 알루미늄 합금을 얇게 펴서 만든 시트이다. 결국, 알루미늄 덩어리를 압력으로 눌린 것이다.

따라서 알루미늄 포일로 해서는 안 되는 몇 가지 행동이 있다. 우선 산은 알루미늄을 부식시키며 알루미늄 성분을 음식 속에 녹아들게 하므로 식초가 들어있는 음식이나 익은 김치(신김치) 같은 신 음식을 포장해선 안 된다. 또한, 알루미늄 포일을 사용하여 직접 불에 닿거나 고온에서 요리하여 음식 속에 알루미늄 성분이 들어가 섭취하면 알츠하이머(치매)가 올 수 있다는 점을 명심해야 한다. 이외에도 알루미늄의 비투과성 때문에 열이 통과하지 못하여 거꾸로 열이 전해져 폭발을 일으키므로 주의해야 한다.

종이 포일은 알루미늄 포일의 대체품으로 나온 친환경적인 포일이다. 주로 펄프지에 실리콘 코팅을 하여 제조한다. 생산할 때부터 친환경적인 제조 과정을 거쳐서 중금속이 없고 불이나 열에 의해 타도 유독 성분이 배출되지 않아 친환경적인 포일이다. 게다가 수증기를 투과시킬 수 있어 찜과 같은 요리에도 사용 할 수 있고 세균을 막아 주는 역할도 한다.

장난감
— 아이 입에 들어가는 유해물질 덩어리

2003년 시민생활환경회의가 광주지역 10개 초등학교 앞 문구점의 플라스틱 장난감 7종에 대해 한국화학 실험연구원에 의뢰해 중금속 함량을 분석했다. 그 결과 중국산 디지몬 로봇에서는 카드뮴이 완구류 함유기준인 75mg/kg의 2.4배인 180mg/kg이 나왔다. 카드뮴은 체내에 축적되어 뼈에 치명적인 장애를 일으키는 중금속이다. 뼈가 굽거나 금이 가고 심한 통증이 동반되는 이타이이타이병으로 이어질 수 있다.

또 이들 장난감 가운데 투명 달걀·인체모형 바운드볼 등 3종에서는 미량으로도 인체에 치명적 영향을 끼치는 내분비계 장애물질 디에틸헥실프탈레이트• 가 12.2~33.6mg/kg이 검출됐다.

이 물질은 사람에게 암, 생식 기능장애 등을 초래하는 것으로 알려졌으며, 세계야생동물기금협회은 환경 호르몬 67개 물질 중 하나로 분류하고 있다. 이에 따라 선진국에서는 식품, 환경, 의료분야에서 따로 규제 기준을 마련해 놓은 위험물질이다.

미국 필라델피아의 폭스제이스 암센터에서도 여러 가지 가정용 생활용품, 화장품과 플라스틱 장난감에서 부틸벤젠프탈레이트가 검출되었다고 보고 한 바 있다. 이 역시 세계야생동물기금협회의 내분비계 장애물질 목록에 올라 있으며 남성 정자에 손상을 주고 암을 유발하는 것으로 알려져 있다. 쥐를 이용한 동물실험에서 부틸벤젠프탈레이트가 수유를 통해 새끼 쥐에게 소량 흡수되고, 이로

디에틸헥실프탈레이트

무색, 무취한 액체 화학물질로, 장난감이나 실내 장식제 등 플라스틱 제품을 유연하게 하기 위한 가소제로 널리 사용한다.

인해 새끼 쥐의 젖샘 세포 조직에 유전적 변이가 나타나 이후 유방암의 발병 위험이 커지게 된다는 사실이 밝혀졌다.

우리나라에서도 '어린이 환경보건종합대책' 일환으로 국립환경과학원에서 지난해 4월부터 8개월간에 걸쳐 어린이 장난감과 장신구 등 17개 제품군 총 106개 제품을 대상으로 조사를 실시한 결과 일부 품목에서 어린이 건강을 위협하는 수준의 납 등 유해물질이 검출되었다. 어린이용 장신구(반지, 팔찌, 목걸이, 머리핀 등) 중 일부에서 1일 허용 섭취량 이상의 납이 검출됐고, 목제 완구에서는 납, 바륨, 크롬이 심각한 수준으로 검출됐다. 특히 플라스틱 장난감과 플라스틱 인형 등 일부 제품에서 비스페놀A. 페놀, 스타이렌이 허용수준보다 높은 양이 검출되었다.

이런 환경 호르몬 물질은 플라스틱 장난감의 유연성을 높이기 위해 가소제를 과다하게 사용하기 때문에 잔류한 것으로 보인다. 이렇게 배출된 화학물질이 어린이들 몸 안에 들어가 호르몬처럼 작용하면서 생식 기능 저하, 성조숙증, 기형, 성장장애, 암 등을 유발하는 것으로 추정된다.

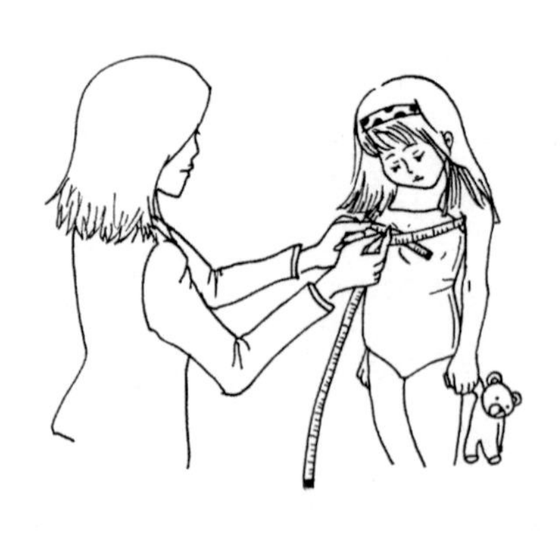

아이들이 어릴수록 직접 장난감을 입에 넣거나 빠는 일이 많은데 플라스틱은 가볍고 내구성이 강하다는 이유로 어린이용품과 식기 등에도 널리 쓰이고 있다. 유아용일수록 더 부드럽고 말랑한 플라스틱 재료들이 많이 쓰이는데 그런 부드러운 플라스틱은 더 많은 가

소제가 첨가되었다는 반증일 뿐이다.

연성 플라스틱으로 만든 유아용 책상과 의자, 탈것 등 유아용 가구도 안심할 수 없다. 연성 플라스틱에는 카드뮴, 폴리에틸렌, 톨루엔 등이 함유되어 있어 두고두고 공기 중에 독성 물질을 방출한다. 아이들이 플라스틱 가구나 장난감을 만진 손을 닦지 않고 음식을 먹거나 손을 입에 넣으면 환경호르몬이 아이의 몸에 유입될 수 있다.

일본그린피스는 1998년 1월부터 PVC 장난감에 대해 적절한 정보를 제공해야 한다는 캠페인을 시작했다. 또한, 일본 내에서 PVC 장난감을 추방하기 위해 그 위해성을 상인들에게 자세히 설명했다. 당시에는 PVC 장난감 금지운동에 대한 소비자들의 인식이 충분치 않아 큰 반향을 얻지는 못했지만, 결국 유아용 장난감 중 PVC 장난감 판매를 금지하는 자발적 협약을 이끌어냈다. 이것은 현명한 소비자가 제조업자의 인식을 바꿀 수 있다는 사례를 보여준 것이다.

최근에는 천이나 나무 같은 천연 소재를 재료로 한 유아용구나 장난감에 대한 관심이 증폭되고 있다. 순면제품의 유아용 책과 놀이세트, 화학도료와 방부제 등을 사용하지 않은 원목 장난감 등이 주목받고 있다.

그러나 주의할 것은 방부 처리를 하고 화학 페인트칠을 한 목제 장난감도 천연 그대로의 나무는 아니므로 위험하기는 마찬가지라는 것이다. 페인트에 섞여 있는 납은 중독성인 데다 뇌세포에도 영향을 미친다. 이런 제품에 지나치게 노출된 아이들은 혈액 내 납중독을 일으킬 수 있고 지능이 떨어지고 집중력과 학습능력에도 장애를 가져온다. 목제 장난감을 원한다면 이런 화학처리가 되지 않은 순수한 제품을 찾아야 한다.

한편으로는 일명 썩는 플라스틱으로 불리는 생분해성 플라스틱 제품도 속속 선을 보이고 있다. 그동안 부분적으로만 분해되던 생분해성 플라스틱이나 빛에 의해 분해되는 광분해성 플라스틱보다 더 친환경적이고 활용범위가 넓은 것으로 평가받고 있는 생분해성 플라스틱은 자연 상태에서 미생물과 효소에 의해 완전히 분해되는 플라스틱이다. 이것은 주로 전분이나 폴리에스테르를 사용해 만드는데 국내에서는 옥수수 녹말을 이용한 것이 가장 많다. 생분해성 플라스틱의 가장 큰 장점은 단연 환경호르몬으로부터 안전하다는 점이다. 합성수지가 전혀 들어 있지 않아 다이옥신과 비스페놀A같은 유해물질이 녹아나지 않고, 플라스틱 냄새가 없어 음식물 용기로 사용하기도 좋다. 현재 이를 이용한 일회용 식기도구나 주방용품, 유아용 제품도 다수 시판되고 있다.

목제 장난감도 안심하긴 어렵다. 한국소비자보호원이 유아용 목제 완구를 수거하여 검사한 결과, 이 중 37.5%의 제품에서 납이 검출되었다. 또한, 도막 강도 시험에서는 전체 중 25%가 완구 안전기준에 부적합한 것으로 나타났으며 납, 크롬, 바륨 등의 중금속이 도막 강도가 부적합한 제품에서 주로 검출되었다. 이런 경우 나무 자체를 유해 물질로 방부 처리했거나 값싼 페인트로 도색한 것이 원인이다.

금속류 장난감 역시 납이나 바륨, 크롬 등 중금속이 녹아 있을 가능성이 높다. 또 화학물질이나 오염물질은 일반적으로 공기보다 무거우므로 아래로 가라앉는다. 따라서 키가 작고 뒹굴며 노는 아이의 경우 이러한 유해 물질에 노출되기 쉽고 섬유소재 봉제 완구의 경우, 원료 특성상 먼지나 진드기 등 각종 세균이 번식하기 가장 좋은 소재이며 화학섬유로 만들고 내장재의 화학솜이 모두 유해하다.

아이들의 장난감은 비록 사용자가 어린이일지라도 그 책임은 당연히 부모들에게 있다. 보이지 않는 위험도 부모의 선택에 따라 달라질 수 있다. 부모가 선택하는 장난감에 대한 바른 정보와 지식이 필요하다는 것이다.

더불어 가장 좋은 장난감은 자연이라는 단순한 진리를 되새겨 볼 필요가 있다. 아이들이 장난감을 가지고 노는 약 10년 정도의 기간은 정신적, 육체적, 사회적으로 중요한 시기일 뿐 아니라 인성과 성품에 중대한 영향을 미치는 때이다. 어린 시절 자연 속에서 맘껏 뛰어놀며 자란 아이는 성인이 되어 사회생활을 할 때 좌절에 대한 대처능력과 긍정적 사고 면에서 훨씬 뛰어나다고 한다. 아마도 자연이 선물한 생명력과 조화의 아름다움을 아이들이 저절로 배우게 되는 까닭이리라. 아이에게 플라스틱 장난감을 안겨주기보다는 넓고 깊은 자연을 접하게 하여 주는 것이 안전하고 현명한 선택이 되지 않을까.

장난감 고를 때 주의할 사항

- 플라스틱이나 고무가 아닌 천연소재를, 그중에서는 유기농 제품을 선택한다.
- 마무리가 단순한 것을 선택한다. 불필요한 채색 접착제, 도료 등을 사용하지 않은 제품을 골라 직접 알코올로 소독하고 건조하여 사용한다.
- 좋은 제품을 신중히 골라 오랫동안 사용한다.
- 3세 이하의 어린이들은 모든 물건을 입에 넣는 습관이 있으므로 지름 3.17㎝ 이하의 작은 부품이 들어 있는 완구는 구매하지 않는다.
- 수준 이상의 소음을 내는 완구는 피한다. 날카로운 소리는 청각과 정서에 영향을 줄 수 있다.
- 가소제가 함유되었거나 부서지기 쉬운 플라스틱 완구는 구매하지 않는다.
- 착색료가 빠져나오지는 않는지, 광과민성간질을 유발할 수 있는 현란한 빛을 내지 않는지 체크한다.
- 장난감 사용 시 어린이가 알아야 할 주의사항이 있다면 분명하게 주지시킨다.
- 완구를 깨끗하게 유지, 관리하는 일에 신경을 쓴다.

젖병 및 치아발육기 — 환경호르몬을 빨고 있다

젖병과 치아발육기는 유아가 직접 사용하는 가장 대표적인 플라스틱 제품이다. 대부분의 젖병은 폴리카보네이트 수지로 만드는데 여기에서 비스페놀A가 검출되어 한때 떠들썩했다. 더구나 젖병은 매일 끓는 물로 열탕 소독을 하는 제품이라 열에 의해 배출되는 비스페놀A의 검출은 충격적일 수밖에 없었다. 환경호르몬이 나오는 플라스틱 젖병에 분유를 타고, 전자파가 나오는 전자레인지에 분유를 데워 먹이는 주부들이 상당수라는 것을 생각하면 미약한 면역력을 가진 아기들의 몸속에서 무슨 일이 일어나고 있을지 두려울 따름이다.

국내 학계와 시민단체 등도 그간 비스페놀A의 위험성을 경고하며 장난감과 젖병, 통조림 내부 코팅 물질 등에 함유되어 있음을 주장해 왔다. 이런 가운데 이번엔 국내 시판 중인 일부 젖병에서 비스페놀A가 검출된 사실이 정부 차원에서 처음 확인됐다. 이에 대해 관련 전문가들은 비록 검출된 양이 적다해도 이것이 아기들 몸에 흡수되면 면역력이 약한 아기들에겐 치명적인 영향을 줄 수 있어 유아용품에 비스페놀A 검출을 강화할 필요가 있음을 피력했다.

꾸준히 논란이 있는 비스페놀A에 대해 캐나다 보건부가 세계 최초로 비스페놀A가 함유된 유아용 젖병의 판매 금지안을 전격 발표했다. 유아가 비스페놀A에 노출되는 것은 대부분 젖병 가열 시 분해된 비스페놀A가 흘러들어 간 분유를 먹거나, 이유식 캔 뚜껑에 함유된 성분이 흘러들어 간 이유식을 먹는 경우이다. 유아가 이런 이유로 비스페놀A에 장기간 노출되면 향후 신경 및 행동계 문제를 일으킬 수 있다는 연구결과도 있었다.

같은 날 미국 국립보건원 산하 독성연구프로그램에서 발표한 연구보고서 초안에 따르면 부틸벤질프탈레이트가 조기 사춘기나 전립선암, 유방암과 관련되었을 가능성이 큰 것으로 나타났다. 이런 여러 결과를 볼 때 부득이 플라스틱 젖병을 사용해야 한다면 상대적으로 안전한 폴리에틸렌 재질의 제품을 선택하는 것이 좋다. 물론 그보다 최선의 대안은 좀 무겁긴 해도 유리병을 사용하는 일이다. 유리는 환경호르몬에 안전한 제품이기 때문이다. 플라스틱 젖병을 사용하면 흐르는 물에 씻어 살균기에 말리는 것이 좋고 그림이나 글씨가 새겨져 도료가 사용된 젖병은 피하는 게 상책이다.

또 아이 치아 발육에 좋다고 여겨져 사용하는 치아발육기와 일명 공갈 젖꼭지라는 것도 플라스틱 제품이기에 환경호르몬에 노출되어 있다. 부득이하게 사용할 경우에는 품질 인증을 받은 제품을 사용하고 가능하다면 아이의 심리적인 측면을 고려해서라도 단시간 사용해야 한다. 입에 물리는 치아발육기를 오랜 기간 사용하면 턱관절의 기형과 충치의 원인이 되므로 아예 습관을 들이지 않는 것이 좋다.

〈환경호르몬으로부터 보호하기〉•

- 유기농산물을 먹자 – 국내 추정 환경호르몬 67개 성분 중 농약이 41종이다.
- 아기에게 모유를 먹이자 – 플라스틱 젖병은 환경호르몬 비스페놀A가 원료인 폴리카보네이트로 만든다. 모유가 불가피하면 유리 젖병을 쓴다.
- 플라스틱 제품 사용을 줄이자 – 플라스틱 용기에 뜨겁고 기름기 있는 음식을 담으면 환경호르몬이 나올 수 있다. 불가피하다면 상대적으로 안전한 폴리에틸렌, 폴리프로필렌 제품을 선택한다.
- 쓰레기를 최소화하자 – 쓰레기를 태우면 환경호르몬인 다이옥신이 나온다.
- 플라스틱 용기를 전자레인지에서 사용하지 말자.
- 염소 표백한 세정제, 위생용품의 사용을 줄이자 – 다이옥신이 덜 나온다.
- 금연한다.
- 폐건전지는 위험한 오염물질이라는 사실을 명심하자.
- 손을 자주 씻고, 바닥과 창틀을 자주 닦는다.
- 실내나 실외는 물론이고 애완동물이나 아이들이 살충제에 노출되지 않도록 사용하지 않는다.

애완동물
— 건강하게 함께 살기

요즘 사람들은 아주 다양한 종류의 애완동물을 기르지만 역시 가장 대표적인 것은 개와 고양이이다. 애

• 와따나베류지 외, 『환경호르몬과 다이옥신』, 겸지사, 1999.

완견이나 고양이 등은 가족으로 여겨지기도 하고, 일상의 의지처가 될 정도로 고마운 존재지만 한편으로는 집 안 오염과 피부 질병의 원인이기도 하다.

애완동물은 흔히 바깥의 오염물질을 집 안으로 옮기는 매개 역할을 하고, 집 안 가득 털을 날려 위생문제를 유발하거나, 몸에 기생하는 해충으로 병원균의 숙주가 되기도 한다. 동물병원에서는 그 예방을 위해 비록 방지용 목걸이나 몸에 뿌리는 약, 또는 먹는 약 등 여러 가지 방법을 쓰지만, 이런 약품 대부분은 강력한 화학 살충제로 위험성이 높다.

애완동물용 '벼룩 잡는 목걸이'는 살충제나 식물에서 추출한 해충퇴치제를 바른 폴리염화 비닐 벨트로 약효가 서너 달이나 지속된다. 이것은 털의 반대 방향으로 움직이는 벼룩의 특성을 고려하여 목 근처를 지나는 벼룩을 살충제에 노출시켜 박멸하는 것이다. 주재료는 훈연식 바퀴벌레 살충제에 사용하는 디클로르보스와 같은 발암물질과 퍼메트린이란 환경호르몬이 주원료이다.

또 가장 널리 사용하는 구제제에 들어 있는 피프로닐 성분은 중추신경계의 활동을 교란하고 고농도에서 사망하기도 한다. 개에게 그런 살충제를 사용하면 중추신경계의 활동을 교란하기 때문에 가려움 같은 신경 작용이 둔해져 잘 긁지 않게 된다. 또한, 이런 살충 성분은 물에 잘 희석되지 않아 목욕해도 사라지지 않고, 한 번 사용으로 10~12일 정도 개의 체외에 머문다. 개의 변으로 50~75%가, 소변으로 25% 정도가 배출되는데 이렇게 해독작용을 하기 위해 개의 간은 혹사당할 수밖에 없다.

벼룩을 잡는 가장 좋은 방법은 빗으로 매일 빗겨주는 것이다. 또한, 애완동물과 함께 외출한 후에는 반드시 애완동물용 샴푸로 깨끗이 씻어 준다. 애완동물용 샴푸에는 살충제가 들어 있으므로 정해진 대로 사용하고 꼼꼼히 헹궈야 한다. 또한, 일주일에 한 번은 목욕을 시키되 유해하지 않은 분말 세제를 욕조에 풀어 두세 번 닦아 잘 헹구면 벼룩을 없앨 수 있다.

시중의 살충제는 효과가 있는 만큼 독성도 강력하여 개체에 따라 토하거나 구토증을 일으키는 경우도 있다고 한다. 그런 만큼 살충제 살포나 살충 목걸이가 탐탁지 않다면 아로마 에센셜 오일로 천연 스프레이를 직접 만들어도 좋다.

비록 알레르기에는 시더우드, 티트리, 유칼립투스, 라벤더, 시트로넬라 오일이 좋으므로 따뜻한 물 한 컵에 올리브 오일 한 큰술과 에센셜 오일 중 하나를 선택하여 열 방울을 넣고 흔들어 섞은 후 스프레이로 사용하면 된다. 혹은 위의 오일을 애완동물 샴푸에 섞어 목욕시킬 때 사용하면 벼룩 방지와 청결에도 도움된다. 비율은 로즈메리 25방울, 시더우드 25방울, 오렌지 50방울, 샴푸125*ml*를 넣는다. 혹은 레몬 글라스 2방울과 샴푸 50*ml*를 섞어도 좋다. 이렇게 만든 샴푸로 목부터 비누 거품을 낸 후 꼬리 쪽으로 거품을 내며 씻어주고, 눈에 들어가지 않도록 주의한다.

흔히 구할 수 있는 레몬도 활용할 수 있다. 레몬의 리모넨 성분이 벌레 기피에 효과를 낸다고 한다. 유기농 레몬 1개와 말린 로즈메리 이파리를 큰 숟가락으로 1스푼, 그리고 뜨거운 물 250*ml*를 준비한다. 레몬을 얇게 썰어 로즈메리와 함께 내열 유리 용기에 넣고 데운

물을 부어 뚜껑을 덮어 우려낸다. 이 상태로 냉장고에서 하룻밤을 묵혀 두었다가 스프레이 용기에 담아 사용한다. 고양이나 개의 털을 갈라 피부에 닿도록 뿌려주면 벌레 물린 가려움을 덜어줄 수 있다.

많은 사람이 애완동물 기르기에 가장 염려하는 문제는 애완동물 감염증이다. 인수공통전염병이라고 하는 동물과 사람 사이에 서로 옮길 수 있는 감염증은 확실한 관리로 안전하게 예방할 수 있다.

흔히 발견되는 감염증 중 핥거나 물 때 걸리기 쉬운 병은 묘소병과 파스트레라증이 있다. 묘소병은 주로 새끼 고양이가 옮기는 파스트넬라균에 의한 것으로 벼룩에게 물리면 벼룩을 거쳐 사람이나 동물에 감염되기도 한다. 감염되면 가장 먼저 나타나는 증상은 감기에 걸린 것처럼 열이 나고 몸살기가 느껴진다. 3일 내지 2주일 후쯤 상처와 림프샘[●]이 붓고, 열이 나지만 대개는 자연스레 낫는다. 드물게 붓기가 1년 이상 계속되고 상처에 고름이 생기기도 하므로 길어지면 진료를 받아 치료한다.

벼룩이 생기면 사람도 물릴 수 있고 가려움이나 발진 등이 생긴다. 또 긁어서 고름이 차면 만성 피부염으로 발전할 수도 있으므로 구제에 신경을 써야 한다. 또 벼룩이 묘소병이나 페스트 등의 매개가 될 수 있으니 애완동물들과 주변 환경을 철저히 구제해야 한다. 벼룩의 알이나 유충, 번데기가 집 안에 잠복하기 때문에 실내에도 진드기 구제용 파우더나 스프레이로 청소를 하고 피부과 진료를 받는다.

파스트레라증은 고양이의 구강에 100%, 개는 75% 존재하는 파스트레라균에 의한다. 사람은 면역력이

● 주로 겨드랑이나 사타구니에 자리하고 있으며 작은 알갱이처럼 만져지는 곳이다. 대체로 겨드랑이 쪽이 심하게 부으며 목의 림프샘이 붓기도 한다.

낮아졌을 때 개나 고양이에 물려 감염될 수 있다. 일단 감염되면 상처가 아프고, 붓고, 고름이 차고, 림프샘이 붓는 증세가 나타난다. 균이 입으로 침투하면 폐렴이나 기관지염 등 호흡기계에 이상이 생기기도 한다. 상처가 난 후 30분 내지 몇 시간 내에 붓고 격렬한 통증이 나타나고 다음 날 고름이 찰 수 있으니 상처가 나면 비눗물로 씻고 요오드팅크로 소독을 한다. 아픔이 심하면 내버려 두지 말고 진료를 받도록 한다.

회충증도 건강한 사람에게는 영향이 없지만, 면역력이 떨어진 상태나 유아, 고령자에게는 영향을 줄 수 있다. 실내 생활을 하고 목욕과 청결관리가 잘된 애완동물이라면 회충증을 일으키는 경우는 거의 없다.

문제가 되는 병증은 톡소플라스마와 피부사상균증이다. 톡소플라스마는 고양이의 대변에 배설된 기생충 접합자가 체내에 유입되어 생긴다. 감염원은 고양이지만, 실제로는 고양이에게 먹인 날고기를 통해 감염되는 경우가 더 많다고 한다. 고양이는 감염되어도 증상이 없고 건강한 성인이라면 역시 증상이 없거나, 모르는 새 지나가기도 한다. 하지만 처음 감염된 임산부는 유산 될 수도 있고, 신생아는 수두 증상이 드물게 나타날 수 있기 때문에 주의해야 한다.

여성은 결혼 전이나 임신 전 혹은 임신 중에도 고양이와 함께 여러 번 체크해보는 게 좋다. 임신부가 양성이라면 이미 과거에 감염되어 면역이 있는 상태이므로 태아에 옮길 가능성은 거의 없지만, 음성이라면 주의가 필요하다. 고양이가 양성이라 해도 감염 초기에만 기생충 접합자를 배설하므로 초기가 지나면 그 고양이로부터 옮지는 않는다. 고양이가 음성이라면 고양이를 바깥에 내보내지 말고 관리가 잘 된 실내에서만 생활하게 하는 것이 상책이다. 임신부의 항체 검사와 관계없이 안전을 위해서 고양이 화장실 청소는 다른 가족이 전담하도록 한다.

톡소플라스마를 예방하려면 고양이의 대변을 그때그때 빨리 치우고, 고양이 화장실을 청소할 때 고무장갑을 끼고 맨손에 닿지 않도록 해야 한다. 고양이와 뽀뽀를 하거나 과잉접촉을 하지 말고, 날고기는 충분히 가열해서 조리한다. 날고기를 손질한 칼이나 도마를 깨끗이 씻는 것도 예방책이다.

피부사상균증은 곰팡이에 의한 것으로 무좀이 대표적이다. 병원체를 가진 동물과 접촉하면 생기므로 사람이 애완동물에게 옮길 수도 있다. 사람은 가려움증과, 동그란 모양으로 피부가 붉어지거나 물집이 생기는 식의 증상이 나타난다. 고양이는 증상이 없을 수도 있고, 대개는 원형탈모와 가려움증이 나타난다. 섣불리 약을 바르면 더 악화할 수 있으므로 이상 증상이 보이면 고양이는 동물병원에, 사람은 피부과에서 치료를 받아야 한다. 피부사상균증을 예방하기 위해서는 실내 청소를 세심하게 하고 청결을 유지하며 충분한 환기로 습기를 없애야 한다. 애완동물과의 과도한 스킨십을 피하고 애완동물과 놀고 난 후에는 손을 씻는다.

이런 여러 감염증을 예방하려면 감염 경로에 대한 지식을 갖고 경로를 차단하는 것도 도움된다. 집 안에 6세 이하의 유아나 60세 이상의 고령자, 당뇨병 등의 만성질환자나 폐에 기초 질환을 가진 가족이 있다면 세심한 주의가 필요하고 애완동물을 키우지 않는 것이 안전하다.

천연 살충제 만들기

1. 100㎖ 정제수에 라벤더와 티트리, 로즈메리 오일 1~2방울 정도와 유칼립투스 오일을 1방울 넣어 잘 섞은 후 스프레이 용기에 담아 사용한다. 해충구제와 가려움을 완화해주는 효과가 있으며 사용 기간은 한 달 정도이다.
2. 유칼립투스 오일의 독특한 향은 벌레의 접근을 박고 벌레에 물린 상처를 치유한다. 티트리 오일은 항균제, 항박테리아제로 탁월하고 로즈메리 오일은 생체리듬을 활성화시켜 이뇨작용과 신체의 원활한 순환을 돕는다. 하지만 임신 중에는 사용하면 안 된다. 그리고 라벤더는 모기와 해충을 쫓고 심신을 안정시켜 숙면에 좋다.
3. 벼룩퇴치용 살충목걸이를 천연퇴치제로 대신하고 싶을 때는 티트리 오일 3방울과 라벤더 오일 3방울, 사과식초 10㎖를 150㎖의 물에 섞어 목걸이를 적신 후 잘 말려서 채워주고 이 방법을 4~6주에 한 번씩 반복한다. 잠자리에 페퍼민트 잎을 적당량 깔아주는 것도 벌레의 접근을 막는 데 도움이 된다.

공부방!
— 공부 못하는 아이가 되다

지금껏 가정의 유해물질과 독소들에 대해 살펴보니 가장 염려되는 것은 아무래도 아이들이다. 신체의 모든 기능이 아직 성인에 미치지 못하는, 성장 진행 중인 아이들이야말로 이런 독소에 가장 민감하고 치명적인 영향을 받을 수밖에 없다. 아이들 방에 관심을 두지 않을 수 없는 이유이다. 방이란 그저 비슷비슷한 가구와 물건들이 들어차게 마련이지만, 그런 일반적인 물건이 어린이와 청소년의 방에서는 어른들 방보다 더 해로울 수 있다.

어린이용 가구는 일반적으로 두 가지의 재료로 만들어진다. 모양과 색을 내기 쉬운 플라스틱과 비싸지 않은 MDF가 그것인데, 두 물질 모두 유해성으로는 막상막하의 강적들이란 사실은 이미 앞서 살펴보았다.

석유 화학제품을 원료로 한 태생적 한계를 지닌 플라스틱과 온갖 화학약품과 접착제, 방부제, 첨가제로 휘발성 유해물질의 온실이 된 MDF 가구들이 보이지 않는 적이 되어 아이들의 방을 점령하고, 보이지 않는 독성 물질을 내뿜으며 아이들을 좀 먹는다. 몸속의 진짜 호르몬을 방해하고 암까지 일으키는 각종 환경호르몬, 호흡과 피부를 통해 흡수되는 첨가제와 중금속들이 시나브로 아이들의 몸과 마음에 병을 키우는 것이다. 설사 원목으로 가구를 갖춰준다 해도 지금의 원목은 자연산 그대로의 원목이 아니기에 원목가구조차 아이들에게는 안전하지 않다.

그뿐인가. 한창 신진대사가 왕성한 아이들의 활동으로 가중되는 먼지와 세균, 집먼지 진드기 같은 또 다른 유해물질도 있다. 학생 방이라면 반드시 한 대씩은 비치된 컴퓨터와 주변기기들, MP3와 전자사전, 첨단 디지털 소품들은 온 방에 전자파를 뿜어대고 있을 것이다. 그런 속에서 아이들이 24시간 뒹굴고 공부하며 지낸다.

문구류와 장신구 또한 안전하지 않은 것 투성이다. 먹을 것도, 가지고 놀 것도 아니기에 그동안 미처 생각지 못했다면 이제라도 아이들의 문구에 관심을 가져볼 일이다. 종일 아이들이 손에서 떼어놓지 않는 것이 문구류인 만큼 그것도 민감한 영향력을 주기 때문이다.

소비자시민모임이 최근 사인펜, 형광펜, 볼펜, 지우개, 샤프심 등 다섯 개 학용품 중 향기가 나는 열네 개 제품을 대상으로 유해화학물질 함유 여부를 검사한 결과 한 개의 제품에서 발암물질인 폼알데하이드가 검출 기준의 다섯 배에 달하는 124ppm이 나왔다. 또한, 한국기술표준원이 수채물감과 놀이용 컬러점토 등을 검사한 결과 위장염 등을 일으키는 독성 물질인 바륨이 검출됐다. 또한, 어린이가 사용하는 목걸이, 반지 등 어린이용 장신구 대부분에는 니켈과 납 등의 중금속이 다량 함유되어 있었다.

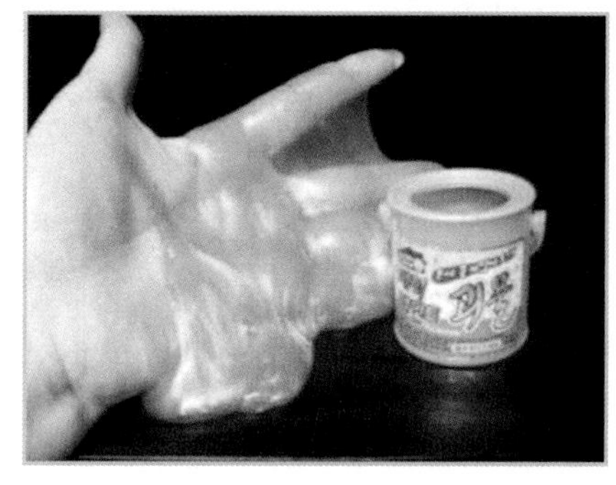

정체불명의 장난감 우리 아이들 괴롭히는 "괴물"
(출처: 노컷뉴스, 2013. 12. 9.)

어린이가 납에 중독되면 식욕이 떨어지고 쉬이 피로를 느끼며 주의력 결핍 과잉행동장애(ADHD)가 나타날 수 있다. 미국과 캐나다에서는 어린이용 장신구의 납 함유량 허용치를 규정하고 기준을 초과하는 장신구를 리콜한다. 반면 우리나라는 어린이용 장신구에 대한 중금속 안전 기준조차 없어 국제기준 함유량을 초과하는 제품들이 유통된다.

이렇게 각종 화학물질과 전자파에 노출된 아이들은 집중력이 현저히 떨어지고 안정감이 없다. 산만하고 공부에 전념하지 못하며 몸도 마음도 무겁다. 의욕이 저하되지만, 신경은 곤두서게 마련이고 스스로 통제력도 약해진다. 면역력이 떨어지면 당연히 감기나 잔병치레도 잦다. 요즘 많은 아이가 달고 사는 아토피 질환 역시 이런 환경과 결코 무관하지 않다.

환경병 전문의나 화학약품과 독극물을 연구하는 학자들은 화학물질로 인한 뇌 손상은 큰 노출 없이도 쉽게 일어날 수 있음을 강조한다. 일단 화학약품에 노출된 뇌는 여러 고정으로 손상을 입고 한 번 손상된 뇌는 치료할 수 없기 때문이다.

전문가들은 뇌의 중추신경계에 기능장애가 일어나면 경도 발달장애가 발생하는 것으로 판단한다. 경도 발달장애에는 기본적으로 지능 지체는 없지만, 학습과 대인관계가 어려운 장애이다. 이는 읽기, 쓰기, 계산 등 특정 능력의 습득과 이행이 곤란한 학습 장애를 겪는다. 주의력결핍과 충동성이 특징인 주의력결핍과 과잉행동장애, 타인과의 관계 구축과 의사전달이 힘든 자폐증, 지적인 측면에서의 지체가 없는 고기능 자폐증 등이 이에 속하는데 전 아동의 6% 정도가 이에 해당한다.

입학이나 이사 선물로 아이들 방에 새 가구를 들이고 전자제품을 채워주는 것이 실은 아이들 방을 유해물질로 오염시키고 있다는 진실을 잊지 말자. 유해성분이 휘발된 오래된 가구와 물려받은 낡은 물건이 사실은 아이들의 건강을 위해서는 더 나은 물건일 수 있다. 새것과 유행을 좇는 아이들과 알맞은 접점을 찾는 노력과 지혜가 필요하다.

〈문구류 위해성〉

- 크레파스 – 납, 크롬, 카드뮴, 수은, 비소 등 안료에는 유해화학물질이 다량 포함되어 있다. 극소량이긴 하지만 크레파스에 있는 유해 중금속에 아이들이 노출되어 체내에 지속해서 축적될 경우에는 심각한 신체적, 정신적 장애를 일으킬 수 있다.
- 색종이 – 색이 묻어 나오는 정도를 시험한 결과 전 제품에서 업체들이 제품을 만드는 과정에서 색종이의 색을 내기 위해 첨가하는 염료나 안료가 종이에 잘 밀착되지 않아 색이 묻어 나오는데, 색종이에 사용되는 유기안료는 인체에 해로운 물질이므로 소량이라도 섭취하면 해롭다.
- 천연점토 – 채굴 지역이 중금속에 의한 토양오염이 진행되지 않는 한 인체에는 해가 없지만, 찰흙을 손으로 만질 때 가려움을 느끼는 과민성 피부나, 알레르기성 피부질환을 가진 아이들은 주의가 필요하다.
- 물감 – 물감에 사용되는 카드뮴은 어린이 생활공간 오염, 어린이용 제품의 유해물질 함유, 아토피, 천식 등 환경성 질환 증가 등을 가져오기에 사회적인 문제로 대두하고 있다.

3부

우리 집 유해 독소 퇴치법

미국 북동부 마서스 비니어드(Martha's Vineyard) 섬에 있는 작은 건축회사, 사우스마운틴컴퍼니는 한 가지 특이함으로 유명하다. 세계에서 유일하게 고객에게 집 사용 설명서를 주며, 좋은 건물, 아름답게 나이 드는 건물을 짓는다는 건축 철학을 가진 회사이다.

그들이 고객에게 넘겨주는 집 사용 설명서에는 건물이 언제 지어졌는지, 어떻게 지어졌으며 세세한 하수구 배치, 벽과 수질정보, 그리고 유지 보수할 때의 지침 및 장비까지 설명한다. 또한, 마치 내부를 들여다보는 X-레이처럼 천장과 벽에 대한 상세한 구조를 설명한 '러핑 북'도 함께 건넨다.

이 친절한 설명서는 기발한 고객 서비스이기에 앞서 자신감의 표시이다. 설계, 시공, 사후 관리가 모두 분리되어 문제가 생기면 이리저리 책임이 전가되고 입주자만 속 터지는 우리나라에서는 감히 꿈도 꿀 수 없는 장인 정신을 보여준다. 설계부터 시공까지 모든 공정을 만든 이가 책임지고, 사업자와 사용 재료까지 실명제를 표방하는 그 자신감은 투명성과 공정성을 기반으로 하는 것이다.

그들의 사용 설명서는 건물의 수명을 늘리고 알맞은 보수방법을 제시하며, 위해요소를 줄일 수 있게 해준다. 재활용 목재를 사용하여 생태적으로 짓는 그들의 집은 오랫동안 보수 관리하면서 살아갈 수 있는 친환경적인 건물이다. 이십 년만 지나면 환경오염 덩어리로 남는 건물을 짓는 방식과는 아주 다른 방식으로 친환경 건축을 실천하고 있다.

불행히도 우리는 아직 그런 건축회사를 갖지 못한 것 같다. 소신 있게 시공하고 정직하게 판매하는 주택시장의 정도가 세워져야 한다. 아직까지는 내가 사는 집에 대해 그저 스스로 대처하는 것이 최선이다. 현재 살고 있는 집에서 유해환경을 줄여 환경친화적인 집으로 가꾸고, 더불어 사람도 집과 어우러져 자연적으로 살아가도록 노력하는 것이 우리의 남은 과제이다.

우리 집 유해 독소 퇴치법

베이크아웃으로 우리 집 안전하게 길들이기

새로 지은 집에 첫 입주를 하는 경우 매우 유용한 것이 베이크아웃(Bake out)이다. 집 전체를 뜨거운 열로 바짝 가열하고 환기를 시켜서 유해물질을 일시에 방출시키는 방법이다. 새로 지은 집은 건축자재와 내부 마감재에서 발생하는 폼알데하이드와 휘발성유기화합물이 휘발되기까지는 적어도 6개월 이상의 시간이 걸린다. 베이크아웃은 그 기간을 단축하고, 입주자의 피해를 최소화해 준다.

베이크아웃의 가장 효율적인 온도와 기간, 횟수에 대한 정확한 지침은 아직 없다. 집의 넓이와 그 안의 내용물에 따라 시행기준이 달라야겠지만, 여러 번 할수록 효과적이라는 사실만은 확실하다.

베이크아웃은 이사 가기 전 빈집에서, 혹은 새 가구를 넣은 상태에서 실시하는 것이 좋다. 새집증후군의 피해가 큰 이유는 건축 자재와 마감재뿐 아니라 집에 맞추어 모두 새로 장만하다시피 하는 가구와 커튼, 침구류 등의 유해물질까지 가세하기 때문이다. 또 이사 전 대청소 때 온갖 가정용 세정제와 왁스, 방충제 등이 사용되는 바람에 새집이란 것은 우리나라에서 사용되는 모든 화학물질의 총 집합장이 될 수밖에 없다. 따라서 가구 배치와 청소를 마친 상태에서 실시하는 것이 좋다.

과연 베이크아웃은 효과가 있을까? 다음은 베이크아웃을 실험한 결과●이다.

'베이크아웃' 효과(단위: ㎍/㎥)

구분		환경부기준(잠정)	베이크아웃 전	베이크아웃 후	감소율(%)
폼알데하이드(CHOH)		210이하	296.37	150.14	49
휘발성 유기화합물(VOCs)	벤젠	30	3.71	2.43	35
	톨루엔	1000	947	428.29	55
	에틸벤젠	360	142	62.57	56
	자일렌	700	871.29	254.07	71
	스타이렌	300	162.57	58.43	64
	디클로로벤젠		0	0	

자료: 대한주택공사

1) 베이크아웃 실시 후 폼알데하이드 방출량이 0.2~0.89배로 감소했으며, 총휘발성유기화합물의 방출량은 0.2~0.8배로 감소하였다.

2) 베이크아웃 실시 후 스타이렌의 방출이 실시 전

논문발췌

조완제, 전주영, 김성완, 심장보, 「공동주택의 실내공기 질 개선 방안(베이크아웃을 중심으로)」, 대한설비공학회, 2005.

보다 최고 40배까지 감소하는 것으로 나타났다.

3) 베이크아웃의 온도 조건과 베이크아웃 시행기간에 따라 오염 저감률에 영향이 있으나 더욱 중요한 것은 베이크아웃시의 환기 및 베이크아웃 실시 후 방출된 오염물질이 실내에 재 배출되는 것을 방지하기 위한 환기 방안이다.

4) 입주 시점에서 실시하는 바닥 난방시스템의 시범 운전을 활용한 베이크아웃은 효과가 미비한 것으로 나타났으며, 지역 난방방식보다 개별 난방방식의 베이크 아웃이 고온으로 온도를 유지 및 상승시키는데 유리하여 오염감소 효과가 좋은 것으로 나타났다.

5) 베이크아웃 시 바닥 온도의 급격한 상승으로 공동주택 내부 바닥에 시공된 바닥재의 하자 발생이 우려된다.

베이크아웃 제대로 하는 요령

1. 외부와 통하는 모든 창과 문을 닫고, 조명 등을 모두 켠 뒤 실내의 방문과 수납가구, 새로 들인 가구의 모든 문과 서랍을 활짝 연다.
2. 난방을 시작하여 최초의 실내온도에서 5℃씩 단계적으로 온도를 높여 35~40℃의 온도에서 난방을 유지한다.
3. 이런 상태를 하루 5~6시간 정도 계속한 다음 외부로 통하는 문을 모두 열어 1~2시간 정도 환기를 시킨다(적어도 5회 이상 반복). 또는 35~40℃를 유지하는 난방상태를 72시간 동안 계속 유지하다가 외부로 통하는 창과 문을 열어 5시간 정도 환기를 시킨다. 이 방법은 1회로 충분하다.
4. 베이크아웃 과정이 끝나면 중성세제를 이용하여 다시 한 번 집 안 전체를 청소해주고 입주 전까지 외부와 통하는 모든 문과 창을 활짝 열어둔다.
5. 베이크아웃을 실시할 때는 임신부와 노약자는 출입을 금하고 장마철이 지난 여름철에 하는 것이 좋다. 실내온도를 높이기 쉬워 경비가 절감되기 때문이다.
6. 입주 후 6개월까지는 실내 환기를 계획적이고 주기적으로 해야 한다. 특히 새로 지은 집은 이후 3년까지 환기에 관심을 두고 실천해야 한다.

가구
— 선택도 배치도 안전하게

가구는 아무래도 새로 이사를 하거나 새집을 장만할 때 한꺼번에 많이 들여놓는다. 가능한 한 새 가구의 피해를 줄여 새집증후군도 함께 최소화하도록 실천해 보자.

가급적 한꺼번에 새 가구를 구매하는 것은 피하고, 가구를 고를 때에도 금방 공장에서 출시된 것 말고 전시장이나 창고에서 한동안 머문 것을 선택한다. 구매 후에는 바람이 잘 통하는 곳에서 문과 서랍을 다 열어놓아 유해물질을 발산시키고, 공간에 배치한 후에도 당분간은 환기에 정성을 쏟는다. 가구를 배치할 때는 벽에서 5㎝, 바닥에서 2㎝ 정도 공간을 두어 공기가 잘 통하게 한다.

표면 마감재를 입히지 않은 MDF나 칩보드 원판을 사용한 붙박이장은 폼알데하이드 방출이 특히 심할 것이므로 이사 전 베이크아웃을 할 때 문과 서랍을 활짝 열어둔다. 장 속의 냄새를 제거할 때는 참숯이나 양파를 이용하는 게 안전하다. 유해성분을 우려내는 베이크아웃을 하면서 화학 방향제까지 방출시킬 필요는 없기 때문이다.

가구를 새로 사야 한다면 내구성이 뛰어난 제품을 골라 오래 쓰는 것이 상책이다. 공간 안에 가구가 너무 많으면 구석진 곳의 공기 흐름이 나빠져 실내 오염도가 높아질 수 있으므로 꼭 필요한 가구만 환기가 잘 되는 단순한 구조로 배치한다. 요새는 천연 재료를 사용했거나 유해물질 방출처리를 한 가구도 있다고 하니 참고할만 하다.

또 아이들 방에는 플라스틱 가구를 피하고, 새 가구 일체를 마련하는 것도 삼간다. 붙박이장을 맞출 때는 루비(louver, 폭이 좁은 판을 일정 간격을 두고 수평으로 배열한 것)식의 빗살문을 설치한다면 통풍에 더 유리하다. 가구의 유해물질 방출에도 좋고 내부에 보관하는 옷이나 침구류의 건조에도 도움이 되어 냄새와 습기 제거에 효과적이다.

가구 재료는 합판이나 칩보드보다는 화학처리가 덜 된 원목이나 전통가구가 좋다. 특히 옻칠이 된 전통가구는 방부·방충에 뛰어나다. 접착제와 도료도 친환경 재료만을 쓴 것으로 전용한 것을 고르고, 금속이나 유리 소재 가구를 활용하는 것도 괜찮다. 페인트칠이 없는 철제 의자나 책상, 싱크대, 유리 테이블 등 목재를 대체할 수 있는 가구를 일부 활용하면 인테리어 효과도 겸할 수 있다. 또 패브릭 소재는 합성 섬유보다는 관리와 세탁이 편리하나 되도록 몸에 안전한 면 소재를 고른다.

하지만 그보다 먼저 생각해야 할 것은 바로 비운 만큼 건강해진다는 단순한 진리이다. 사방 벽에 가구를 둘러놓고 사는 것보다는 공간을 두어 눈과 마음이 쉴 수 있는 공간을 확보하고 장식성의 가구와 물건 진열은 피하도록 하자.

더불어 가구와 소품의 배치에도 신경을 써야 한다. 다음의 그림을 보면 잘못된 가구와 가전 배치의 예를 볼 수 있다.

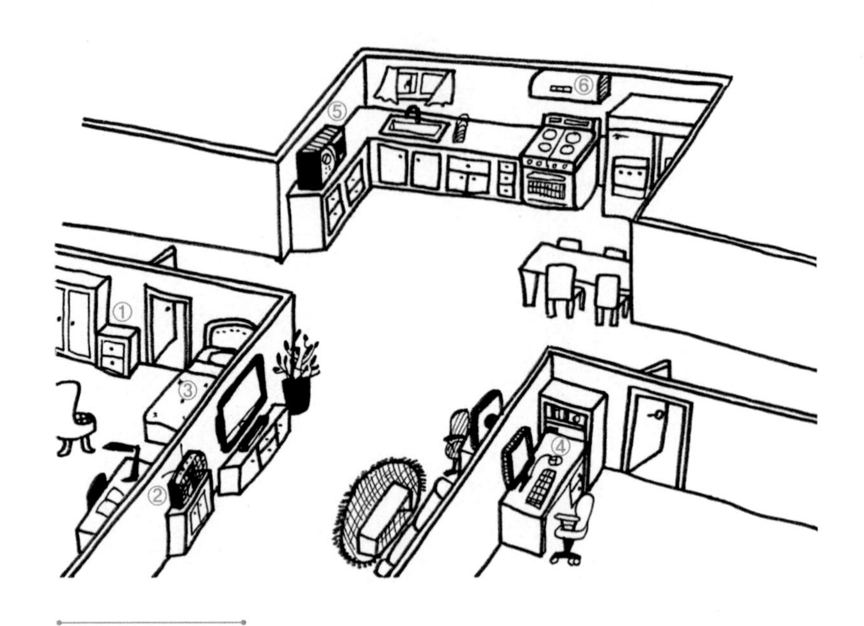

잘못된 가구·가전제품 배치도

① 한정된 면적 안에 너무 많은 가구를 들여 놓으면 환기를 방해하고 유해물질의 방출도 우려된다.

② 가구 못지않게 가전제품의 수와 배치도 중요하다. 필요 이상의 가전제품은 집 안에 전자파 그물을 친다. 당연히 꼭 필요한 제품 외에는 들여놓지 않는 것이 좋다. 또한, 벽을 관통하는 전자파의 특성을 염두에 두어 가전제품을 배치하고, 텔레비전은 2m 이상, 컴퓨터는 1m 이상 떨어져 사용할 수 있는 공간을 확보해야 비교적 안전하다.

③ 대형 텔레비전은 앞면보다 뒷면에서 전자파가 더욱 강하다. 그럼에도 불구하고 일반적인 아파트 구조에서는 거실 뒤에 침실이 위치한다. 따라서 침대의 위치를 잘못 잡으면 텔레비전의 후면에서 방출되는 전자파가 침대 머리에 직접 맞닥들인다.

④ 아이들 방 컴퓨터도 앞면보다 뒷면에서 전자파가 강하게 나오므로 거실이 안방의 컴퓨터와 모니터를 마주 보게 배치하지 말아야 하며, 주변기기의 전자파도 감안하여 환기가 가능한 창문 옆에 설치하고, 본체는 사용자 위치에서 최대한 거리를 두고 설치하는 것이 좋다.

⑤ 주방의 필수품인 전자레인지는 가전제품 가운데 최고로 많은 전자파를 내뿜는다. 그러므로 전자레인지는 주방 구석에 설치하고 생활공간과 3m 이상 거리를 두어야 한다. 전자레인지는 가동할 때 더 강한 전자파가 나오는 것을 감안하여 사용 중에는 안을 들여다보지 말고, 사용 후에도 1~2분 후에 음식을 꺼내는 것이 좋다. 또한, 가동하지 않더라도 전자레인지의 문이 열려 있을 때는 기계 자체에서 마이크로파가 나오므로 주의해야 한다.

⑥ 가스레인지는 불을 켜고 끌 때 유독가스가 나오고 연소 시에 실내의 산소를 태우므로 환기가 쉬운 창문 가에 설치하는 것이 좋다. 또한, 불을 켜고 끌 때 반드시 후드를 작동시켜 유독가스를 배출해야 한다.

집먼지 진드기 퇴치 작전

삶고, 말리고, 두드려라!

이것이 바로 가장 확실한 방법이다. 집먼지 진드기를 퇴치할 때는 분비물과 사체도 함께 제거해야 한다. 그냥 살아 있는 것들만 제거해서는 사체와 분비물이 알레르겐이 되어 여전히 사람을 괴롭힐 것이다. 60℃ 이상의 뜨거운 물에 삶는 것이 진드기는 물론 항원까지 없애는 완전한 방법이다.

침구류를 보관할 때는 삶아서 햇빛에 바짝 말리고 탁탁 털어 진드기 사체를 완전히 없앤 다음 보관해야 한다. 또한, 침구는 2~3개월에 한 번씩은 삶아 빨고, 특히 이불과 카펫은 일주일에 한 번은 햇빛이 강한 때에 3~4시간 직사광선을 쬐고 두드려서 깊숙이 든 진드기 사체까지 다 털어내도록 한다.

집 안의 집먼지 진드기를 없애려면 일단 이들이 좋아하는 서식환경을 바꿔야 한다. 15℃ 이하, 35℃ 이상의 온도와 60% 이하의 습도에서 녀석들은 살아남을 수 없다. 특히 습도가 50% 이하가 되면 2주 안에 거의 진취를 감출 만큼 건조함은 이들에게 치명타이다. 그러므로 집 안에 햇빛을 들이고 환기를 시켜 습기를 몰아내는 것은 기본이다.

그리고 이들의 서식처가 될 수 있는 물품들을 최소화하라. 패브릭 소파나 카펫, 낡은 책, 털 인형, 모직 방석 같은 습기를 흡수하는 물건과 애완동물까지 몽땅 껴안고 살고 있다면 집먼지 진드기와의 이별은 영영 불가능하다.

되도록 버려라. 그리고 꼭 필요한 섬유제품들은 천연 면 소재나 청소 활용이 쉬운 천연 재료로 대체하라. 커튼이나 카펫은 자주 빨고 털어낼 수 있는 면 소재로, 커튼은 롤 스크린으로 소파는 가공이 적은 나무제품으로 대체하는 등의 지혜를 발휘하라.

마지막으로 청소할 때는 진공청소기와 물걸레로 구석구석의 먼지를 없앤다. 먼지떨이나 빗자루로 먼지를 날리게 하는 청소법은 공기 중에 떠돌던 미세먼지와 진드기 사체 등이 나중에 고스란히 가라앉게 될 위험이 있다. 고효율의 필터를 장착한 진공청소기를 사용하고, 먼지 봉투는 70~80% 정도 찼을 때 교환하며 필터는 자주 세탁해서 쓴다. 필터가 더럽거나 먼지 봉투가 꽉 차면 먼지 흡입이 잘 안 되고 흡입된 먼지가 배기구로 다시 빠져 나오기 십상이다.

요즘은 살충 효과가 있는 천연 추출물 등을 이용해 세탁 시 진드기를 제거할 수 있는 세탁제와 진드기 자가진단 키트도 나와 있어서 전문 업체의 도움 없이도 진드기를 퇴치할 수 있다. 집먼지 진드기는 사람의 생활에서 완전히 사라질 수 없는 관계인 만큼 일시적인 처방보다는 일관된 관리를 통해서만 그 피해에서 벗어날 수 있다.

CHAPTER 02

환기가 여는 바람길, 우리 집 건강 길!

환기가 왜 중요한가?

건강한 집을 위해 가장 중요한 것이 바로 깨끗한 실내공기를 확보하는 일이다. 이를 위해 가장 간단하지만, 필수적인 방법이 환기라고 할 수 있다.

자연환기는 다른 어떤 방법보다 실내 오염물질 배출에 탁월하다. 가스상 물질 및 에어로졸 형태의 오염물질과 그 밖의 모든 오염물질을 손쉽게 실외로 배출할 수 있기 때문이다. 특히 휘발성유기화합물과 담배 연기, 연소 배기가스, 냄새 같은 복잡한 특성을 가진 오염물질의 제거방법으로 가장 실용성이 높다. 오염된 공기를 교체하거나 희석하여 실내공기를 정화하기 위한 방법이 환기로써 산소 공급을 위한 필수 조건이기도 하다.

사람이 한 시간 동안 소비하는 산소는 약 100ppm으로 이것이 확보되지 않고서는 생존할 수 없다. 그러므로 건강하고 쾌적한 실내 생활을 위해서 환기는 필수불가결한 요소이다. 또 실내에서 사람과 사람의 활동으로 열 상승 및 습기 증가 문제도 환기를 통해 적절히 제어할 수 있다.

환기의 문제는 비단 집 안뿐 아니라 교통수단과 도시 전체의 도시공학적 측면까지 광범위하다. 한강이 보이는 아파트는 조망권으로 가격이 천정부지지만 도시공학적 측면에서는 오히려 문제가 많다고 할 수 있다. 강 주변으로 병풍처럼 늘어선 아파트들은 산에서 내려오는 바람을 막고 강에서 불어 올라가는 바람을 막아 도시 전체의 환기를 방해한다. 아름다운 한강의 조망권을 확보하기 위한 건설회사와 그 안에 사는 입주민들만을 위한 도시 조경에 머무르고 말아 안타깝기 그지없다.

집을 선택할 때는 미리 남북의 위치와 자연환기를 방해하는 요소가 없는지 살펴봐야 한다. 그리고 해당 주택에 알맞은 환기 계획을 세워 자연환기만으로 부족한 경우 국소환기장치를 구매하거나 설치하는 등의 대처를 하는 것이 좋은 방법이다.

서울대 신경정신과학연구소는 '환기를 하지 않은 방에 있을 때 집중력이 떨어지고 졸린 이유는 산소가 부족하기 때문이다'는 연구 결과를 발표했다. 단열과 난방이 잘 되어 있는 현대건축물은 자연환기가 원활하지 않아 자연스레 실내 산소농도가 낮아진다. 아파트 방문을 닫고 3시간이 지나자 처음에는 20.4%였던 산소농도가 20.0%로 떨어지고, 7시간이 지난 후에는 19.6%로 낮아졌다. 대기 중에서도 산소농도가 19~20%로 떨어지면 가슴이 답답해지고 구토 증세가 나타난다.

여름이나 겨울철에 밀폐된 차 안에서 에어컨이나 히터를 켠 채 자다가 사망했다는 뉴스를 종종 접하는데, 이것은 모두 산소가 고갈되어 죽음에 이르는 것이다. 실제 2004년 국내 한 방송사가 밀폐된 차 안에 5명을 태우고 산소농도를 측정한 적이 있다. 시동을 걸고 30분이 지나자 산소가 18.5%로 급격히 떨어졌고 45분이 지나자 호흡이 곤란해져 실험을 중지할 수밖에 없었다. 장시간 운전 시 반드시 외부 환기 유입을 위해 창문을 열어야 안전하다.

실내 산소농도를 유지하는 데는 무엇보다 자연환기가 우선이다. 집 안의 창문을 열어 두는 것이 가장 좋다는 말이다. 바깥 공기의 오염을 염려할 수도 있겠지만, 오존 경보 같은 특별한 조건이나 황사 같은 이유가 아니라면 실내공기의 오염도가 대기오염도보다 훨씬 높다. 오존, 황사, 꽃가루에 대한 특별한 경보가 있는 날을 제외하고는 되도록 창문을 활짝 열어 두시라.

환기 효율이 좋은 예

환기 효율이 나쁜 예

▷ 1· 3· 30 운동 — 올바른 환기 방법

하루에 3번 30분 환기하기! 계획적인 환기와 통풍은 새집증후군을 획기적으로 줄이는 방법이다. 문을 여는 곳에서 바람이 빠져나가는 곳까지의 위치를 고려하여 실내 물품을 배치하고 부족한 부분에 국부환기장치를 달아준다면 새집증후군에서 빨리 벗어날 수 있고, 사는 동안 쾌적한 실내생활을 즐길 수 있다.

자연환기가 잘 되어 늘 집 안이 신선한 공기로 차 있다면 부분환기가 필요치 않아 에너지를 절약할 수 있을 것이다. 하지만 자연환기만으로 실내 오염물질을 제거할 수 없을 때 보조수단으로 공기정화기 등을 병행하면 효율을 높일 수 있다.

기계적인 환기를 시행할 때는 각 방의 공기가 적절하게 순환하고 쾌적하도록 각 방의 온도 차가 나지 않게 유지하고 욕실이나 주방 등의 환기에도 유의하여 운행하는 것이 좋다. 그리고 기계 환기에서 가장 중요한 점은 환기 설비의 필터 청소이다. 청소가 제대로 이루어지지 않으면 신선한 공기를 위한 장치가 아니라 먼지 집합 기계로 전락하여, 오히려 더러운 공기를 집 안에 퍼뜨리고 거주자의 건강을 위협하는 요소가 될 수 있다.

환기하는 시간은 오전 10시부터 오후 9시 이전이 적당하다. 너무 이르거나 늦은 시간에는 지표면에 깔린 오염된 공기가 집 안으로 유입될 가능성이 크기 때문이다. 효율적인 환기를 위해서는 마주 보는 창을 통해 들고 나는 맞바람을 이용하고, 지속적이고 정기적으로 환기 해야 한다.

새집에 입주했다면 자연환기는 아침, 저녁으로 20~30분간 집 안의 문을 모두 열어 공기를 전체적으로 바꾸고, 2~3시간마다 부분 환기를 하며, 창문을 항상 열어 두는 것이 바람직하다. 이것이 여의치 않으면 하루에 세 번, 한 번에 30분 정도 환기를 시키는 것도 무방하다. 실내외 기온 차가 크지 않은 계절에는 창을 5~20㎝ 폭으로 열어 두고, 겨울에는 2~3시간 주기로 2분씩 열어주는 것이 좋다.

에어컨이나 가습기, 난방기 사용 중에는 한두 시간에 한 번씩 환기를 시켜야 실내가 지나치게 건조해지거나 습해지는 것을 방지할 수 있다. 하지만 황사가 있거나 미세먼지나 오존주의보가 내린 날에는 환기를 피하고 공기정화기를 이용한다. 비온 다음날에는 대기 상태가 쾌적하므로 전체 환기를 시키기에 썩 알맞다.

환기 설비를 할 때는 공기의 흡입구와 배출구에 공기의 원활한 출입을 방해할 수 있는 구조물이나 물건이 없는지 확인하고, 배출구에서 나오는 공기가 흡입구로 다시 흘러들지 않는지도 점검한다.

또한, 바람이 드는 곳과 나는 곳 사이의 거리가 환기에 큰 영향을 준다는 사실도 알아두어야 한다. 흔히 환기 경로가 짧으면 전체 환기가 쉬울 것으로 생각하지만, 환기 경로가 길수록 환기효율이 높아진다. 그 이유는 흡입된 공기가 오염된 공기와 닿는 면적이 클수록 오염물질을 많이 모을 수 있기 때문이다.

바람이 드는 곳과 나는 곳이 짧으면 쇼트 서킷(Short Circuit)이라는 현상이 일어난다. 쇼트 서킷 현상이란, 신선한 공기가 방의 구석구석까지 미치지 못하고 그냥 지나쳐 버리거나 배출된 오염물질이 다시 흡기구를 통해 유입되는 것을 말한다. 따라서 집을 고를 때는 흡

환기구의 바른 위치

기구와 배기구의 위치도 고려해야 한다.

일반적으로 자연풍의 힘을 이용할 때는 바람의 입구와 출구가 마주 보는 맞풍 구조일 때가 흔히 볼 수 있는 가장 효율적인 구조이다. 혹은 방문과 창문이 90° 각도로 마주 보고 있는 구조도 창만 열면 방 안 전체의 공기를 교체할 수 있는 좋은 구조다.

또 한 가지 환기 방법은 실내외의 온도 차로 인한 공기 밀도의 차이를 이용한 것이다. 공기 유입 부가 방안의 아래쪽에 위치하고 유출 부가 위쪽에 위치하면 연돌효과에 의한 환기가 이루어진다. 실내의 아래쪽에서는 안으로 향하는 공기압력이 발생하고 위쪽에서는 밖으로 향하는 공기압력이 발생하면서 생기는 기체의 흐름을 연돌 효과라고 한다.

공기가 각 방을 통하는 환기 경로는 어떻게 진행되는가에 따라 환기에 좋은 영향을 미치거나 나쁜 영향을 미치기도 한다. 좋은 경로란, 신선한 공기가 순서에 따라 공기를 흘려 배출하는 것을 말하며, 나쁜 경로란, 순서대로 공기를 순환하지 못한 채 거꾸로 순환할 때, 오히려 악취와 유해가스가 집 안으로 들어오는 것을 말한다.

이는 집의 기본 설계와 밀접한 관련을 맺는다. 자연환기를 통해 공기가 집 안 곳곳에 잘 전달되고 화장실이나 욕실 등 폐쇄된 공간은 환기팬에 의해 악취가 밖으로 제대로 배출되면 좋은 설계라 할 수 있다.

안전한 제품 구매하기
— 친환경 인증제도

과연 안전한 집을 만들기 위한 지혜로운 구매는 어떻게 할 수 있을까? 가장 믿을 수 있고 손쉽게 판단할 수 있는 것이 바로 친환경 인증제인지 확인하는 일이다. 친환경이란, 자연환경과 인간에 해가 되지 않는 재료로 만든 것이며 폐기 시에도 자연으로 돌아가 순화되어 썩어 없어지는 것을 의미한다.

2002년부터 환경부는 쾌적하고 건강한 실내환경의 창출과 오염물질 방출이 적은 건축 자재의 개발 및 생산을 유도하기 위하여, 각종 건축 자재(합판, 바닥재, 벽지, 판넬, 페인트, 접착제 등)로부터 방출되는 오염물질의 정도에 따라 인증 등급을 부여하는 친환경 건축 자재 품질인증제를 시행하고 있다.

건축 자재 유해물질 새집증후군 주의

출처: 인천일보, 2013. 7. 3.

국내에서 판매되는 건축 자재 가운데 약 8%의 제품이 유해물질 방출량 기준을 지키지 않은 것으로 나타났다.
유해물질은 피부질환과 알레르기 등 새집증후군의 원인으로 작용할 수 있어 건축 자재 사용에 각별한 주의가 요구된다.
2일 국립환경과학원에 따르면 지난 2004년부터 지난해까지 벽지를 비롯한 페인트, 바닥재 등 건축 자재 3350개 제품의 유해물질 방출량을 조사한 결과 257개(약 8%) 제품에서 기준치 이상의 유해물질이 방출됐다.
257개 제품 가운데 244개(약 95%) 제품에서 휘발성유기화합물이 기준치 이상 방출됐으며 환각물질인 톨루엔과 폼알데하이드도 각각 13개, 1개 제품에서 기준치를 초과했다.
휘발성유기화합물은 기준치 4.0㎎/㎡·h보다 약 10배 이상 초과했으며 톨루엔은 기준치 0.080㎎/㎡·h보다 약 21배 이상 많이 방출됐다.
제품별로는 페인트가 160개로 가장 많았으며 벽지와 바닥재가 뒤를 이었다.
환경과학원 관계자는 "유해물질 방출량 기준을 초과하지 않은 건축 자재도 시공 한 달 이상 오염물질이 방출되기 때문에 환기를 자주 해야 한다"며 "특히 집 안에서 오랜 시간 생활하는 주부나 몸이 약한 어린이와 노약자는 더욱 조심해야 한다"고 설명했다.

▷ 국내 친환경 건축 자재 인증제도

* 환경마크

환경마크는 우리나라의 대표적인 친환경 제품에 대한 인증제도로 그동안 환경마크협회 주관으로 1992년 4월부터 시행해 왔으며, 2005년 '친환경상품 구매촉진에 관한 법률'이 제정됨에 따라 환경마크협회가 친환경상품진흥원(법정법인)으로 개편되어 환경마크를 인증하고 있다.

환경마크제도의 운용은 각 나라의 문화·경제·사회여건에 따라 정부(EU, 체코), 민간단체(미국·스웨덴) 또는 정부와 민간협조(독일·일본) 등 다양한 형태로 운영되고 있으며, 우리나라의 경우 환경부와 친환경상품진흥원이 담당하고 있다.

현재 환경마크는 가구, 사무용 기기, 주택·건설용 자재, 가정용 용품 등 다양한 제품군을 그 대상으로 동일 용도의 제품 가운데 제품 전 과정에 걸쳐 환경성과 자원 절약성이 우수한 제품을 국가공인 시험기관의 시험결과를 통해 선별해서 인증하고 있다.

환경마크 건축 자재 인증기준 예

종류	기준
페인트	- 실외용은 용도에 따라 VOCs 방출량 기준 별도 규정 - 실내용: 28일 후 VOCs 방출 0.2mg/m²-h 이하 28일 후 폼알데하이드 방출 0.05mg/m²-h 이하
벽지	- 실크 벽지의 경우 PVC 사용불가 28일 후 VOCs 방출 0.2mg/m²-h 이하 28일 후 폼알데하이드 방출 0.05mg/m²-h 이하

종류	기준
벽, 천장 마감재	- 28일 후 VOCs 방출량은 0.2㎎/㎡-h 이하
접착제	- 28일 후 VOCs 방출량은 0.2㎎/㎡-h 이하 - 28일 후 폼알데하이드 방출 0.05㎎/㎡-h 이하

출처: 한국환경산업기술원(www.keiti.re.kr)

* HB마크

"HB(Healthy Building Material) 마크"는 국내에서 생산되는 건축 자재나 수입 건축 자재를 대상으로 화학물질 방출 성능을 평가하여 인증함으로써 건축 자재 오염물질 방출에 대한 자율적인 품질관리를 할 수 있도록 권장하며, 미국의 'Green Guard', 독일의 'Blue Angel', 핀란드의 'M1 Certification' 등과 유사한 단체 표준에 의해 시행하는 민간 주도형 품질인증제도이다.

우리나라는 현재 한국 공기청정협회 주관으로 2004년 2월부터 건축 자재에 대해 오염물질 방출실험을 하여 실험결과에 따라 HB마크를 부여하고 있다.

건축물의 내장재 중 실내마감자재로 사용하는 일반자재(판, 패널 및 보드, 목재류, 바닥재, 벽지 등)와 페인트, 접착제에 대하여 협회가 제정한 친환경 건축 자재 단체품질인증 규정에 의해 공인시험기관에서 시험한 결과에 따라 인증 등급을 부여한다.

HB마크 건축 자재 분류 및 등급기준

(단위: ㎎/㎡-h)

구분	일반자재, 페인트		접착제	
	HCHO	TVOC	HCHO	TVOC
최우수 HB♣♣♣♣♣	0.03 미만	0.10 미만	0.06 미만	0.25 미만
우수 HB♣♣♣♣	0.05 미만	0.20 미만	0.12 미만	0.50 미만
양호 HB♣♣♣	0.12 미만	0.40 미만	0.40 미만	1.50 미만
일반 HB♣♣	0.60 미만	2.00 미만	2.00 미만	5.00 미만
최우수 HB♣	1.25 미만	4.00 미만	4.00 미만	10.00 미만

출처: 한국공기청정협회(http://www.kaca.or.kr)

* KS마크

KS마크는 국가규격인 한국산업규격(KS)에 적합하게 제품을 지속해서 생산할 수 있는 기업을 인증기관을 통하여 심사를 받아 인정을 받는 제품인증 제도로 그동안 정부에서 수행하던 KS 표시 인증 관련 업무를 98년 7월부터 민간기관인 한국표준협회가 수행하고 있다.

인증절차는 한국화학시험연구원 등 14개 지정심사기관에서 품질보증에 필요한 기술적 생산조건 등을 심사하고 기술표준원, 지방중소기업청, KOLAS(Korea Laboratory Accoreditation Scheme) 등의 인정시험기관에서 제품의 품질을 시험하여 해당 한국산업규격 수준 이상으로 합격한 경우에 한국표준협회가 KS 표시 인증서를 교부한다.

건축 자재에서 KS마크는 가구류 소재인 합판, 섬유판, 파타클보드류와 벽지, 벽지용 전분계 접착제 등을 폼알데하이드 방출량에 따라 등급화하여 마크를 부여한다.

KS 규격의 폼알데하이드 방출량 기준

일반자재	등급	폼알데하이드 방산양(mg/L)	
		평균	최대
합판(KS F3101) 기타 합판류	F1	0.5	0.7
	F2	5	7
	F3	10	12
파티클보드(KS F3104) 섬유판(KS F3200) 치장 목질 플로어링보드(KS F3126)	E0	0.5	
	E1	1.5	
	E2	5	
무늬목 치장 합판 플로어링보드 (KS F3111)	일반용	10	12
	온돌용	5	7
벽지(KS M7305)	–	2	
벽지용 전분계접착제(KS F3217)		5	

출처: 한국표준협회(http://www.ksa.or.kr)

* 각 마크의 비교 및 개선방안

현재 HB마크는 HCHO와 TVCO의 성능만을 고려하여 인증을 부여하고 제품의 품질 측면에 대한 고려가 없는 반면, KS마크는 환경적인 고려가 부족하며 환경마크, HB마크, KS마크는 현행 법규 및 규격에 있어 서로 간의 연계성이 적은 상태이다.

따라서 법규의 구속력 및 규격과의 연계성을 통해 환경마크와 HB마크 인증제도를 활성화 시키고 각각의 특성에 따라 차별화하여 발전시켜야 한다.

각 마크의 비교

구분	환경마크	HB마크	KS마크
인증기관	한국환경산업기술원	한국공기청정협회	한국표준협회
법적근거	환경기술개발 및 지원에 관한 법률 제20조	-	산업표준화법 제11조, 제13조
시험항목 (환경성 관련 항목)	12항목 실내공기(폼알데하이드, TVOC, VOCs 등) 중금속 등 유해물질 함량(납, 카드뮴, 비소, PBBs 등) 자원 및 에너지, 소비 등 환경전반 평가	2항목 실내공기 (폼알데하이드, TVOC)	1항목 (폼알데하이드)
인증성격	환경부 공인 인증	민간 자율인증	산자부 공식인증

친환경 인증 마크

환경관련

환경표지인증

우수재활용(GR)마크

탄소성적표시

에너지 관련

에너지소비효율표시

고효율에너지기자재인증

CHAPTER 03

우리 집 독소를 물리치는 명물들

독소 잡는 신선한 힘, 천연 숯

특별한 장비나 거창한 설치 없이 집에서 독소를 퇴치할 수 있는 명물이라면 숯을 빼놓을 수 없다. 숯은 '신선한 힘'이라는 뜻의 순우리말이다. 높은 온도에서 목재를 구워 재가 되기 전 탄화 된 상태가 바로 숯이다. 숯은 그 자체가 연료로 쓰일 뿐 아니라 음이온과 흡착성, 통기성으로 살충, 방부, 정화, 탈취, 습도 조절 등에 다양하게 이용된다.

이는 숯의 다공질 구조와 관련된 것으로 세계 여러 곳에서 옛날부터 숯을 다양하게 활용해 왔다. 숯 1g에 있는 작은 구멍을 펼쳐놓으면 무려 8~9평쯤 된다고 한다. 이렇게 작고 촘촘한 구멍들이 뛰어난 흡착과 통기성을 발휘하는 힘이다.

일단 숯은 가장 값싸고도 효과 좋은 공기정화기 역할을 한다. 숯의 미세구멍들은 기체나 액체 유해물질을 흡수하고 악취를 화학적으로 흡착하여 흡착된 분자를 분해한다. 또 물질의 산화와 부패를 막아주고, 음이온은 양이온을 띤 집 안의 유해물질을 중화시켜준다. 때문에 비단 공기정화뿐 아니라 흡착기능을 이용한 다양한 활용이 가능하여 요리에서 의학용까지 폭넓게 사용한다.

▷ 숯, 종류에 따라 골라 쓰기

숯의 종류와 품질은 목재와 생산지, 생산 방법에 따라 결정된다. 우리나라에서 최고로 치는 참숯은 참나무를 재료로 하고, 소나무와 대나무로도 만든다. 보통 백탄이니 활성탄이니 하고 부르는 것은 구워내는 방식에 따른 분류다. 굽는 온도에 따라 저온탄(건류탄), 중온탄, 고온탄으로 나누는데 일반적으로 많이 사용하는 것은 중온탄인 검탄(흑탄)과 고온탄인 백탄이다.

숯은 종류에 따라 용도와 효과에 차이가 있으므로 사용 목적에 알맞은 것을 골라야 한다. 가장 실용적이면서 많이 사용하는 것은 검탄과 백탄이지만, 검탄에 비해 백탄이 생활에 활용할 수 있는 범위가 넓고 효과에 좋다.

습기와 냄새제거, 물의 정화, 토지 재량을 위해서라면 검탄과 백탄, 활성탄 모두 좋다. 연료와 습기 방지, 해독, 악취 제거, 정수, 목욕을 위해서는 백탄이 좋고, 세탁용이라면 검탄이 좋다. 백탄은 단단해서 쪼개면 유리 조각처럼 날카롭게 되므로 세탁용으로는 알맞지 않다.

백탄과 검탄은 육안으로도 식별이 가능하다. 검탄이 검은색이 더 진하고, 손으로 만졌을 때 검댕이 더 많이 묻어난다. 반면 백탄은 검탄에 비해 표면에 흰색이나 희뿌연 빛을 띠고 검댕이가 많이 묻어나지 않는다. 두드려보면 백탄은 쇳소리에 가까운 맑은소리가 나지만, 검탄은 둔탁한 나무소리가 그대로 난다. 둘을 물에 띄워 보면 미세구멍이 많은 백탄은 곧 가라앉지만 검탄은 물 흡착력이 낮아 물에 뜬다.

숯은 일반적으로 미세구멍이 많고 나뭇결이 살아 있으며 광택이 나는 것이 좋은 숯이다. 좋은 참숯 백탄은 가루가 많이 나지 않고 잘 깨지지 않으며 절단면과 쪼개진 안쪽 면이 은빛 광택으로 아름답게 빛난다. 우리나라에서는 잘 정제된 참숯 백탄을 알아주는데 그중에서도 굴참나무가 가장 좋다. 굴참나무 백탄은 절단면이 국화꽃처럼 방사형으로 갈라져 있다. 더구나 굴참나무는 수입산이 거의 없어 좋은 국내산을 선택하기가 쉽다.

숯을 고를 때 주의해야 할 사항은 값이 싸다고 해서 저급의 수입산 숯을 사면 싼 게 비지떡이 될 확률이 높다는 것이다. 숯은 원래 천연 재료에서 얻어지는 것이지만 건축폐기물이나 톱밥, 왕겨, 석유찌꺼기를 모아 압착해 만든 숯도 있으니 이런 제품은 일반 가정용 용도와는 맞지 않다.

▷ 숯의 활용과 손질

생활 속에서 크게 요리, 정화, 탈취용으로 숯을 사용한다. 요리에는 주로 밥, 김치, 장류에 사용된다. 장을 담글 때 숯을 사용한 예는 예전부터 잘 알려진 일이다. 김치에 백탄을 넣어 두면 유효 미생물의 활동을 돕고 세균 번식을 막아 김치가 쉽게 물러지지 않게 해주고, 물김치에서는 미네랄 성분이 녹아나 영양을 좋게 한다.

최근에는 전기밥솥에 숯을 넣어 밥을 지으면 변색되지 않고 밥맛이 좋아진다고 한다. 10~20g의 백탄 한 토막으로 쌀 속 잔류 농약과 냄새를 제거해 주는 효과도 볼 수 있다. 6~7회 정도 사용한 후 다른 용도로 재활용한다. 과일과 채소를 씻기 전에 숯을 담근 물에 10~20분쯤 담아두었다가 씻으면 농약 성분 제거에 좋다. 또 물을 끓일 때도, 술을 담글 때도 잡성분과 염소 성분을 제거하고 미네랄을 제공하는 효과를 볼 수 있다.

그 외에 수족관이나 화병에도 숯을 이용하면 산소를 많이 용해시켜 물이 깨끗하게 유지되고, 쌀통이나 옷장 등에 넣으면 쌀벌레와 좀을 방지하고 습기 조절에도 도움이 된다. 음식에 여러 번 쓴 숯을 가루를 내어 화분에 뿌리면 병충해를 막고, 화초를 튼튼하게 기를 수 있다.

실내공기정화를 위해서는 1평당 1~3kg의 숯이 필요하므로 집 넓이에 알맞은 양의 숯을 알맞게 나눠 곳곳에 배치하면 된다. 공기가 잘 통하는 소쿠리나 바구니에 담거나 헝겊 주머니에 담아 장식성을 가미해도 좋고, 뚜껑 없는 종이 상자 등에 담아 침대나 가구 밑에 놓아도 된다.

새집으로 이사하는 경우라면 입주 1~2주 전에 통숯을 실내 곳곳에 미리 놓아두면 폼알데하이드와 톨루엔, 라돈 등의 휘발성유기화합물 제거에 상당한 도움이 된다. 입주 후에는 각 방과 구석구석에 숯을 배치하고 3개월 이상되면 소독하여 사용하면 아주 유용하다.

가습기 대용으로 쓰고자 할 때는 큰 볼이나 장독 뚜껑 등을 활용해 물을 채워 숯을 담아두면 된다. 3분의 1 정도가 물에 잠기도록 하거나 숯에 주기적으로 물을 분사해도 된다. 물때가 끼지 않도록 물을 자주 갈아주고 손질하는 일이 중요하다. 이때 숯에 붙어 자랄 수 있는 풍란이나 작은 수생식물을 그릇에 함께 기르면 금상첨화이다. 냄새제거용으로는 재떨이와 냉장고, 옷장, 자동차 안, 애완동물의 집, 신발장, 신발 속 등에 사용할 수 있다.

숯을 반영구적으로 사용하려면 주기적인 손질이 필요하다. 처음 사용하는 숯은 흐르는 물에 헹궈 제조 과정에서 묻은 먼지와 불순물을 제거한 후 햇볕에 말려 써야 효능을 높이고 숯가루 날림도 방지할 수 있다.

그리고 정기적으로 소독할 때는 일주일에 한 번 정도 강한 햇빛에 반나절 동안 말려서 사용하거나, 한 달에 한 번씩 흐르는 물에 수세미로 가볍게 씻어내고 물에 10분 정도 끓여서 햇볕에 충분히 말려 전용하면 된다.

공기정화용 숯은 적어도 3개월에 한 번씩 탁한 물이 나오지 않도록 여러 차례 헹구어 말린 후 써야 흡착된 불순물을 제거하며 계속 쓸 수 있다. 숯을 씻을 때는 절대 세제를 사용하지 말고 맹물을 사용해야 한다. 세제를 사용하면 오히려 세제의 잔류들이 숯에 흡착되어 정수나 요리에 쓸 때 흘러나오기 때문이다.

숯의 단계별 사용법

- 취사용, 요리용, 정수용, 찻물용으로 사용하는 등 순차적으로 사용한다.
- 바꿔줄 때가 되면 냉장고, 신발장, 옷장의 탈취, 습기제거용으로 사용한다.
- 3차로는 가루를 내어 화분이나 화단에 거름으로 재활용한다.

공기정화 식물
— 천연 공기정화기

▷ 공기정화 식물의 장점

원래 식물은 친환경적이지만, 그중에서도 실내공기정화에 탁월한 식물들을 에코플랜트(Eco-friendly House Plant)라 부른다. 1980년 미항공우주국(NASA)에서 밀폐구조물인 바이오 홈에서의 실험 이후 식물의 공기정화 능력이 과학적으로 입증되었고, 이후 나사에서 50가지 대표적인 공기정화 식물에 대해 점수를 매겨 발표해 일반인들도 사용 목적에 따라 가장 알맞은 에코플랜트를 고르는 일이 쉬워졌다.

에코플랜트의 효과 및 장점은 먼저 실내의 온·습도와 빛, 공기의 움직임 등을 조절하여 쾌적한 환경을 조성해 준다는 점이다. 그리고 증산작용을 통해 일산화탄소만 흡수하는 것이 아니라 문제가 되는 휘발성유기화합물과 폼알데하이드, 오존, 질소화합물 등 유해가스를 모두 흡수하여 공기를 맑게 한다는 것은 더 큰 장점이다.

뿐만 아니라 증산작용 시 방출하는 200개/㎤ 가량의 음이온은 실내의 미세먼지와 악취 등 양이온 오염물질을 중화시킨다. 또 실내의 전자파와 오존을 흡수하고 공기 중의 박테리아를 억제하며, 먼지와 담배 연기도 흡착시킨다. 그 외에 부가적으로는 외부의 소음과 시선을 차단하고자 차광효과를 주며, 사람들의 신진대사를 도와 심신에 활력을 준다. 식물은 스트레스 해소에 특별한 효과가 있어 뇌의 알파파를 증가시키고 혈압을 떨어뜨려 피로 회복과 집중력 향상에 기여한다.

에코플랜트는 특히 심각한 문제인 새집증후군 감소에도 효과가 탁월하여 각 식물의 특정 기능에 따라 알맞은 공간에 적절히 배치하면 만족할 만한 효과를 볼 수 있다.

▷ 식물의 특별한 능력

50대 에코플랜트의 점수 순위는 휘발성 유해물질의 제거능력, 증산작용률(습도조절 능력), 재배 관리의 편의성, 해충에 대한 적응력이라는 네 가지 기준으로 정해졌다. 그러므로 유해물질을 제거하는 데 우수한 순위와 네 가지 전체를 아우른 종합순위는 각기 다르다. 따라서 특별한 효과를 위해서, 혹은 특정 장소의 개별 목적을 위한 식물을 선택할 때는 전체 순위보다는 특정 분야에 뛰어난 식물을 고르는 것이 좋다.

국내 연구에 의하면 실내공기정화 효과를 보려면 최소한 실내 공간의 5% 이상을 식물로 채워야 한다고 한다. 식물이 실내공간의 5~10%를 차지할 경우 여름철 실내 온도를 2~3℃ 낮춰주고, 겨울철에는 그만큼 온도를 높여주는 역할을 한다.

산소와 수분을 배출하여 습도 조절에도 영향을 주는데 방 면적의 2~5% 정도를 식물이 차지하고 있으면 겨울철 습도를 5~10%까지, 면적의 3~10%의 식물은 습도를 20~30%까지 높일 수 있다고 한다. 인공적인 가습이 자칫 세균과 곰팡이 번식의 염려가 있는 데 비해 식물을 이용하면 자연 가습과 온도 조절까지 기대할 수 있다.

식물의 공기정화 방법

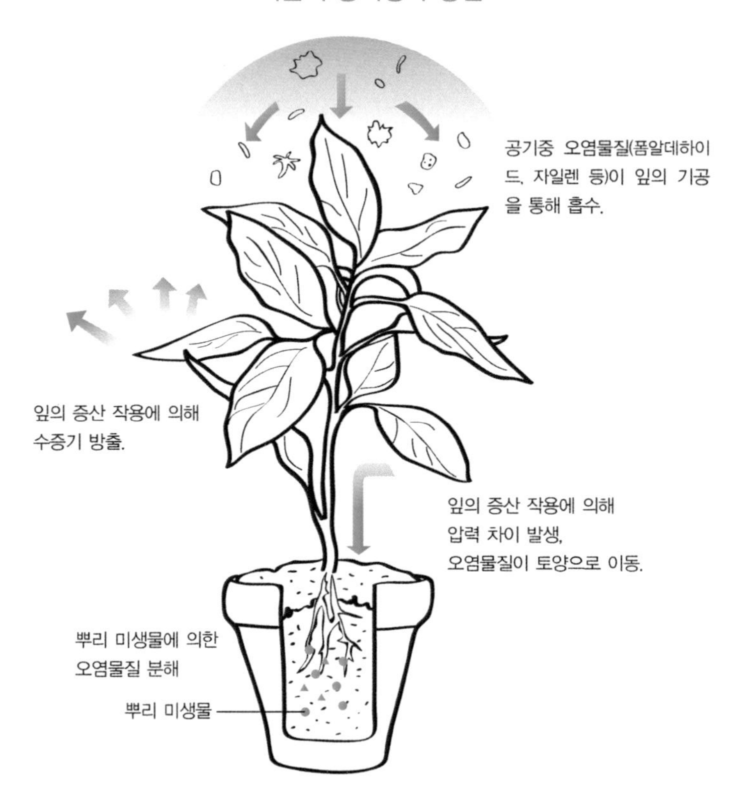

실내 유해물질 제거에 탁월한 50대 에코플랜트와 함께 실내에서 특정한 기능을 하는 식물을 정리하면 다음과 같다.

‖ 폼알데하이드 ‖

보스턴고사리, 포트멈(분화국화), 거베라, 피닉스야자, 드라세나 자넷크레이그, 대나무야자, 네프롤레피스 오블리테라타. 인도고무나무, 아이비, 벤자민고무나무, 스파티필룸, 아레카야자, 행운목(드라세나 맛상게아나), 관음죽, 쉐프레라 홍콩, 드라세나 마지나타, 드라세나 와네키, 맥문동, 덴드로븀, 디펜바키아 콤팩타, 튤립, 피쿠스아리, 호마로메나바리시, 테이블야자, 아잘레아, 아글라오네마 실버퀸, 클로로피툼(접란), 왜성 바나나, 시클라멘, 팔레놉시스(호접란), 산세비에리아, 알로에베라, 칼랑코에.

‖ 자일렌(크실렌)과 톨루엔 ‖

아레카야자, 피닉스야자, 호접란. 디펜바키아 카밀라, 드라세나 마지나타, 덴드로븀, 디펜바키아 콤팩타, 호마로메나바리시, 네프롤레피스 오블리테라타, 드라세나 와네키, 안스리움, 행운목, 벤자민 고무나무, 인도고무나무, 스파티필룸.

‖ 벤젠 ‖

아이비, 스파티필룸, 거베라.

‖ 트라이클로로 에틸렌 ‖

드라세나자넷크레이그, 스파티필룸, 거베라, 포트멈.

‖ 암모니아 ‖

관목, 호마로메나바리시, 맥문동, 안스리움, 포트멈, 칼라데아마고야나, 덴드로븀, 튤립, 테이블야자, 스파티필룸, 파키라, 마란타 레우코네우라.

‖ 이산화탄소 ‖

낮에 제거: 파키라, 인도고무나무, 쉐프레라 홍콩, 관음죽, 스파티필룸.

밤에 제거: 비화옥, 변경주 등의 선인장류, 화재(불꽃), 십이지권 등의 다육 식물류, 산세비에리아, 알로에베라.

‖ 일산화탄소 ‖

스킨답서, 아이비.

‖ 스파티필룸 ‖

벤자민고무나무, 스파티필룸, 파키라, 스킨답서스.

‖ 담배 연기 ‖

인도고무나무, 아레카야자, 보스턴고사리, 네프롤레피스, 스킨답서스.

‖ 아세톤 ‖

스파티필룸.

‖ 오존 ‖

스파티필룸, 아이비, 벤자민고무나무, 거제수나무, 사계란, 보세란.

‖ 미세먼지 ‖

인도고무나무, 벤자민고무나무, 아이비 등의 잎이 많은 식물.

‖ 전자파 ‖

스킨답서스와 선인장류. 필로덴드론, 몬스테라, 페페로미아, 고무나무, 야자류, 칼라테아 마코야나, 베고니아, 풍란.

‖ 페인트 냄새 ‖

접란, 테이블야자.

‖ 음이온 발생 ‖

산세비에리아, 심비디움(난), 팔손이나무, 스파티필룸, 관음죽, 소철 등.

‖ 살균과 방부 ‖

타임(백리향), 오레가노, 라벤더.

‖ 실내 악취 제거 ‖

풍란, 월계수, 제라늄, 민트, 치자, 국화, 라벤더, 로즈메리, 세이지.

‖ 실내 가습 효과 ‖

아레카야자, 대나무야자, 네프롤레피스, 보스턴고사리, 스파티필룸(실내 습도 지표식물: 아니안텀) .

‖ 좀벌레 제거 ‖

캐모마일.

‖ 천연 방충 ‖

월계수, 코리안더, 페퍼민트, 오데콜론민트, 타임, 페니로열.

‖ 모기 퇴치 ‖

로즈제라늄, 라벤더, 허브, 탄지.

미생물 번식 억제

레몬밤.

지딧물과 해충 퇴치

매리골드, 코리안더.

더 알아둘 웰빙 상식

새집증후군 물질 제거와 습도 유지에 좋은 순서

1. 아레카야자: 증산작용률 및 톨루엔, 크실렌 제거율 1위.
2. 관음죽: 특히 암모니아 가스 제거에 탁월.
3. 대나무야자(세이브리찌).
4. 국화: 새집증후군, 공기정화에 탁월.
5. 알로에: 야간 광합성 작용으로 공기정화.
6. 안스리움: 새집증후군에 탁월.
7. 아이비: 화학 성분 제거 및 수분 유지.
8. 호란접: 음이온 발생.
9. 보스턴고사리: 화학 성분 제거.

▷ 공간별 식물배치

이러한 공기정화 식물들을 기능에 따라 특성에 알맞은 실내공간에 적절히 배치하면 그 효과가 더욱 커진다. 가령 햇빛이 적게 드는 공간에서 폼알데하이드와 같은 휘발성유기화합물을 주로 제거해주는 야자류나 보스턴고사리를 키우고, 햇빛이 잘 드는 창가에는 분화국화나 허브류가 좋다. 밤에 공기정화 기능이 우수한 호접란과 선인장은 침실에 배치하고 주방과 현관에는 연소가스와 실외 대기오염물질 제거에 좋은 식물들을 알아보자.

‖ 현관 ‖

실외 대기오염물질인 아황산, 아질산 제거에 우수한 기능이 있고, 신발장의 냄새 제거에도 좋으며, 다소 어두운 곳에서도 잘 자라는 식물을 고른다. 집의 입구이므로 장식적인 기능이 있다면 더욱 좋다. 벤자민고무나무와 스파티필룸, 테이블야자, 관음목, 맥문동이 알맞다.

벤자민은 폼알데하이드와 대기오염물질 제거에 뛰어나고 실내먼지를 잘 흡착한다. 스파티필룸은 알코올, 아세톤, 벤젠, 트라이클로로 에틸렌, 폼알데하이드 등 공기 오염물질 제거능력이 우수하고,

테이블야자와 마찬가지로 증산율도 훌륭하다. 관음죽 역시 증산율이 높고 휘발성유기화합물 제거에도 뛰어나며, 특히 암모니아 제거에 최고다. 맥문동도 암모니아 제거율이 높다.

‖ 거실 ‖

휘발성 유해물질 제거 기능과 빛의 양이 적어도 잘 자라는 식물이 좋으며, 장식성도 가미된 식물을 찾는다. 공간이 넓으므로 공기정화 능력이 있어야 하고 담배 냄새를 제거한다면 더욱 좋다.

아레카야자와 일명 피닉스야자로 불리는 왜성대추야자, 대나무야자와 인도고무나무, 보스턴고사리, 행운목, 네프롤레피스 정도면 아주 훌륭하다. 창가 커튼 옆에 아이비를 두면 금상첨화다.

아레카야자는 담배 연기, 휘발성유기화합물 흡수에 뛰어나고 수분 증발이 활발하여 최고의 공기정화 식물로 꼽히며 대나무야자도 이에 필적할 만하다. 피닉스야자도 휘발성 화학물질, 특히 자일렌 제거에 발군이며 증산율도 뛰어나다. 네프롤레피스는 뿌리를 통한 공기정화 효과가 좋고 습도 유지에 효과적이며, 폼알데하이드, 트라이클로로 에틸렌 등을 잘 제거한다.

보스턴고사리는 폼알데하이드 제거에서 최고의 실력을 발휘하고 증산율이 아주 높다. 드라세나류에 속하는 행운목은 공기정화와 습도 유지에 좋다. 드라세나류의 식물군은 모두 폼알데하이드와 그 밖의 휘발성유기화합물을 제거하는데 각각의 특징을 발휘하고 반그늘에서도 잘 자란다.

폼알데하이드를 없애는 아이비는 커튼, 실내 장식품, 깔개 등에

서 발산되는 화학물질을 흡수하고 공기정화 능력이 뛰어난 데다 장식성이 좋다. 벽을 타고 자라는 덩굴식물이라 걸이용 화분을 이용해 커튼 봉에 걸어둘 수 있다. 여름에는 통풍이 잘되는 곳에 두고 물은 흙이 말랐을 때 흠뻑 준다. 작사광선은 피하고 실내에서 밝은 곳을 택해 놓아둔다.

유독가스와 미세먼지를 흡수하는 인도고무나무는 잎의 광택이 멋진 관엽식물로 카펫이나 벽지 등에서 나오는 폼알데하이드와 미세먼지를 흡수한다. 반그늘을 좋아하지만, 햇볕을 가끔 쬐줘야 한다. 단 한꺼번에 많은 빛을 쪼이면 잎이 누렇게 되므로 5월부터 천천히 햇볕에 적응시켜야 한다. 고무나무는 아열대이므로 물을 충분히 주어야 하며 특히 5~10월 사이에는 마르지 않도록 해야 한다.

연소시 발생하는 일산화탄소와 불연소가스 제거 기능이 중요하다. 음식 냄새와 각종 냄새를 제거하고 음지에서도 잘 자라는 식물로 고른다.

스킨답서스와 산호수, 그리고 아펠란드라가 일산화탄소 제거에 제격이다. 특히 스킨답서스는 이산화황과 이산화질소 및 탄화수소 가스 등도 효과적으로 제거하고 음식 냄새도 없애 준다. 벤자민고무나무도 불완전 연소가스인 이산화황, 이산화질소를 잘 흡수하고 폼알데하이드와 실내에서 발생하는 오존 제거에 효과적이며 산소 방출에서 탁월하다. 장기간 햇빛을 받지 못하면 가지가 웃자라 잎이 떨어질 수 있으므로 볕이 비교적 잘 드는 장소에 두고 물은 화분의 흙이 완전히 말랐을 때 충분히 준다.

가스레인지 옆에 식물을 두고 싶다면 공기정화 능력이 뛰어나고 불완전 연소물을 효과적으로 통제하는 벤자민고무나무와 아이비가 적절하다. 독성 물질과 실내 미세먼지를 효과적으로 제거하는 스파티필룸은 빛이 많지 않은 곳에서도 잘 자라 적당하다. 불완전 연소된 이산화질소나 이산화황을 효과적으로 제거하므로 주방이나 보일러실 앞에 두면 좋다. 일정 온도만 유지하면 하얀색 꽃대가 일 년 내내 올라와 인

테리어에도 효과적이다. 화분이 뿌리로 가득 차면 이듬해 봄에 분갈이를 한다.

‖ 침실 ‖

밤에 공기정화 기능이 우수한 식물로 선택한다. 산세비에리아, 호접란과 선인장, 다육식물이 밤에 공기정화를 해주어 숙면을 취하게 하고 건강한 잠자리를 지켜준다.

산세비에리아는 밤에 산소를 방출하고 이산화탄소를 흡수하는 대표적인 식물로 음이온 발생량도 다른 식물에 비해 30배나 된다. 실내 화초 중에서도 빛, 온도, 수분 등 환경 적응력이 뛰어난 식물로 초보자라도 쉽게 키울 수 있다. 또 여름에는 줄기를 잘라 물컵에 담아둬도 잘 살아 시원한 분위기까지 연출할 수 있다. 분무기를 사용해 물을 주고 반그늘에 두면 잘 자란다.

암모니아 냄새를 제거하고 어두운 곳에서도 잘 자라는 식물을 택한다. 관음죽, 호말로메나, 맥문동, 안스리움, 테이블야자, 스파티필룸은 암모니아 냄새를 잡는 기능이 우수하다.

손쉽게 구할 수 있는 국화 역시 꽃과 잎에서 나는 독특한 향기로 폼알데하이드, 벤젠, 암모니아를 흡수하는 데 탁월하다. 국화는 본래 질소나 암모니아를 적정량 흡수해야 꽃과 잎이 선명해지므로 화장실 입구에 두는 것이 제격이다. 꽃이 활짝 핀 것으로 구매한 후 바로 유기질 비료를 뿌려주면 잘 자란다. 물은 흙 표면이 약간 마른 듯할 때 흠뻑 주되, 건조하거나 습하지 않게 관리한다. 반그늘에 키우고 2~3일에 한 번은 창가로 옮겨 밝은 빛을 쪼여 준다.

폼알데하이드, 이산화질소를 흡수하는 관음죽은 암모니아 제거에 최고인 음지식물이다. 빛이 많지 않은 실내와 추위에도 잘 견디므로 화장실에 두면 좋다. 3~4일에 한 번씩 물을 주되 직사광선을 받으면 잎이 나기에 주의한다. 샤워 시 물이 뿌리에 닿지 않도록 주의한다.

음이온 방출 및 이산화탄소 흡수가 중요한 관건이 되는 공간이므로 산세비에리아, 팔손이나무, 필로덴드론과 파키라, 로즈메리가 좋다.

공부방은 유해환경에 상대적으로 취약한 아이들에게 유리하고, 집중력과 기억력 향상에 좋은 식물을 고르는 게 좋다. 컴퓨터와 프린터 등 전자파를 방출하는 위해 요소가 많기 때문에 실내공기정화를 위해 다각적인 노력이 필요하다.

산세비에리아는 음이온 방출의 지존이라 할 만하고, 밤사이 산소를 뿜어내 특히 좋다, 팔손이나무와 필로덴드론, 파키라도 음이온을 방출하여 몸에 유익하고, 양 이온화된 먼지들을 잡는 데 도움이 된다. 파키라는 이산화탄소를 제거하고 로즈메리는 기억력을 향상시켜주는 데 효과가 좋다.

워터가든
— 공기정화와 가습을 동시에

물은 스스로 유해물질을 정화하는 자정능력이 있다. 그리고 정체된 물보다는 흐름이 활발한 물에서 이런 자정능력이 더욱 향상된다. 또 미세먼지나 분진 등의 부두물질 흡착력이 상당히 높기 때문에 이런 물의 성질을 이용하여 실내공기정화에 효과적으로 이용할 수 있다.

연못으로 미니 워터가든을 꾸미는 건 공기정화와 습도조절에 좋고 유해가스 탈취와 먼지 제거에도 큰 도움을 준다. 그뿐만 아니라 물과 식물의 적절한 조화로 실내의 쾌적성을 높이고, 거주자의 심신에도 좋은 영향을 준다.

폭포나 흐름이 좋은 개울가에서는 음이온 발생량이 많아 몸 속의 독소가 해소되고 혈액이 맑아진다. 음이온은 세포의 영양 공급을 원활히 하고, 체내 면역력 항체인 감마글로빈을 증가시켜 병에 대한 저항력을 높이는 기능도 한다.

실내에서 비교적 간단하게 물을 도입하여 공기정화의 효과를 높이는 방법으로 거실이나 침대 곁에 워터가든을 설치해보자.

가장 쉬운 것은 수조 볼이나 얕고 넓은 용기, 수반이나 항아리 뚜껑, 화분 따위를 이용해 미니 워터가든을 만드는 것이다. 정화작용에 좋은 제오라이트나 맥반석, 혹은 크기가 적당한 자갈을 골라 바닥에 깔고 알맞은 수생 식물을 배치하면 된다. 자갈이 없으면 그냥 깨끗한 유리용기나 도자기류로 그릇 자체의 멋을 살려 식물을 넣어 두어도 된다.

기왕이면 그냥 물을 부어두기보다는 수중모터와 우산분수 노즐을 준비하여 조그마한 분수를 만들어 준다면 음이온과 먼지 흡착을 위해서나 미관상으로나 더 효과가 좋다. 며칠에 한 번씩 아로마 오일을 두 방울 정도 떨어뜨려 주면 방향 효과도 볼 수 있다.

작은 분수를 방에 둘 경우 물소리가 신경 쓰일 수도 있으나 대개는 잔잔한 물소리가 숙면을 취하는 데 도움을 준다. 공기정화 식물들을 키우면서 이런 분수를 같이 설치하면 물이 있는 녹색 지대를 연출할 수 있어 공기정화 효과를 배가시키고 아름다운 집 가꾸기에도 좋아 일거양득이다.

작은 워터가든용으로 알맞은 식물은 파키라, 유카, 고사리, 프테리스, 아비스, 산드리아, 마지나타, 푸밀라고무나무, 듀란타, 싱고늄 등이다. 이 식물들은 흙 대신 사용하는 하이드로볼로 키우기에 알맞은 것들이다. 부레옥잠, 물개구리밥, 물옥잠 등은 물 위에 떠서 생활하는 식물로 맑은 물만 있다면 흙 없이 키울 수 있다. 이틀에 한 번씩 깨끗한 물로 갈아줘야 하지만, 참숯 조각을 넣어두면 오랫동안 깨끗한 물을 유지할 수 있다. 반드시 수중식물이 아니더라도 싱고늄, 드라세나, 스파티필룸, 스킨답서스, 히아신스 같이 물을 좋아하는 식물도 가능하다. 물에 넣기 전에 뿌리에 묻어 있는 흙을 깨끗이 헹궈야 잘 자란다.

식물 배치는 포인트가 될 식물과 보조식물들의 키와 녹색의 농도 등을 고려하여 전체적인 밸런스를 맞추면 무난하다. 단 수경 재배 식물 중에도 완전히 물속에 담가 키우는 것과 뿌리나 줄기까지만 키우는 반수중 재배용이 있으므로 구분하여 환경을 만들어 준다.

주의할 점은 청소할 때 화분이 되는 그릇이나 돌에 세제나 비누를 사용하지 말아야 한다는 것이다. 잔류하는 세제가 식물의 호흡을 방해할 수 있기 때문이다. 또 수중재배용 식물들은 대개 밝은 곳에서 키우므로 실내의 광원 아래 놓아두기도 하는데, 이때 광원이 백열등이라면 주의해야 한다. 백열등은 형광등보다 온도가 높아 물 온도를 올리거나 식물 잎에 영향을 줄 수 있으므로 알맞은 거리를 유지하고 온도가 높아지지 않는 광원을 이용하는 것이 안전하다.

더 큰 규모로 물을 이용한 공기정화 효과를 보고자 한다면 물의 낙마를 이용한 물리적인 방법의 워터가든을 설치하거나 수족관, 연못 등을 만드는 방법이 있다. 요즘은 아파트에서도 베란다를 정원으로 꾸민 집도 많고, 미니 폭포를 만들어 물레방아를 장식하는 것도 어렵지 않다.

미니 폭포는 물의 낙차로 물과 공기가 접하는 면적을 넓혀 부유물질 흡착과 음이온 발생량을 높일 수 있고, 물레방아는 낙차가 크지 않더라도 물의 순환을 일으켜 흡착 기능이 강화된다. 인테리어 폭포 장식품은 물의 낙하를 유도하는 벽면에 돌이나 돌가루 혹은 부가적으로 숯, 옥가루, 순동 등 음이온이 발생하는 소재를 사용하기도 한다.

이제는 음이온 공기정화기에도 전면부에 데코레이션 용도의 폭포를 만들어 물의 먼지를 흡착하는 포집 기능을 부가하는 제품까지 나올 정도로 물의 특별한 기능에 관심이 쏠리고 있다.

▷ 바이오 월

실내 벽면에 식물로 벽을 만들어 공기를 순환해 뿌리 부분 미생물을 활용할 수 있도록 개발된 '바이오 월'은 식물 잎에 의한 휘발성 물질 흡수와 특수 정화 배양토 흡착 등으로 공기정화 기능까지 갖춘 식물-공기청정기 시스템이다.

농촌진흥청 도시농업연구팀에서 실험한 결과, 바이오 월은 폼알데하이드, 톨루엔 등 휘발성유기화합물(VOC)의 정화 효과가 우수하고 냉난방에 소모되는 에너지 절약에 효율적인 것으로 드러났다.

즉, 바이오 월은 넓은 실내의 오염된 공기 정화 능력이 뛰어나다. 실제 바이오 월에 식재된 식물 1㎡로 실내 공간 15㎡ 정화가 가능하다고 나타난 것으로 보아 바이오 월 사용 시 실내 환기율 감소로 냉난방비의 15%까지 절감이 가능할 것으로 예상한다.

CHAPTER 04

안전하고 깨끗한 천연 세제 청소법

안전한 천연 세제

다 필요 없다. 주방용, 욕실용, 거실용 따로따로 준비해 둔 화학 세정제들. 찌든 때, 기름때, 곰팡이 제거를 위해 다용도실 가득 자리 잡고 있는 화학 세정제들은 죄다 내다 버리고 오늘부터는 사람이 먹을 수 있는 안전한 재료로 때깔 나는 집을 만들어 보자!

하나쯤 세정제를 써야 한다면 오로지 비누가 필요할 뿐이다. 형태야 어떻든 어쨌든 순 비누라야 한다. 더 이상 가족들을 화학제품의 위협 속에 방치하고 싶지 않다면 당장 식용 베이킹 소다와 식초 혹은 구연산, 비누를 준비하면 된다. 그 외에는 취향에 따라 탄산수나 레몬, 소금, 알코올, 에센셜 오일 따위를 재량껏 사용하면 된다.

그럼 이런 재료들로 대체 어떻게 집 안의 때를 몰아내는지, 어떻게, 얼마나, 어디에 써야 하는지 궁금증을 풀어보자.

베이킹 소다의 정식 이름은 탄산수소나트륨($NaHCO_3$)이다. 약용, 식용, 공업용이 있는데 약용이나 식용을 사용하면 된다. 소다는 우리 몸속에도, 바닷속에도 존재하는 천연물질로 우리가 사용하는 것은 주로 광물인 중탄산소다석에서 얻어진다. 이름에서 알 수 있듯이 약알칼리성이고, 따라서 혈액과 체액 등을 약알칼리로 유지하는 물질이며 여러 음식 요리에 다양하게 사용한다.

소다가 세정, 세탁 분야에 광범위하게 사용될 수 있는 이유는 부드러운 연마작용 및 연수 작용, 산성 중화 작용, 탈취와 흡습작용, 발포와 팽창작용이 있기 때문이다.

수분과 결합하여 피부나 물건에 흠집 없이 부드럽게 때를 제거하고 센물을 단물로 만든다. 그리고 각종 기름때의 주범인 산을 중화시켜 산성 때와 산성 냄새를 화학적으로 중화한다. 대부분 기름때와 음식물 쓰레기의 악취를 잡는 천적이 바로 소다이다.

또 산과 중화되는 과정에서 자연스레 물과 이산화탄소가 발생하는데 이산화탄소의 미세한 가스 거품이 빵을 부풀리거나 때를 제거하는 데 쓰인다. 하지만 똑같이 빵을 부풀리는 것이라도 베이킹파우더와는 완전히 다른 물질이다. 베이킹 소다는 물에 들어 있는 칼슘, 마그네슘 등의 미네랄을 흡수하여 물을 부드럽게 한다. 그래서 음식재료를 부드럽게 만들어주고 밥맛도 좋게 해준다. 우리가 일반적으로 사용하는 물은 센물(경수)이라서 미네랄 성분이 들어 있는데, 이것을 뺀 물이 연수(단물)이다.

베이킹 소다는 통풍이 잘되는 어두운 곳에 보관하는 것이 좋고 보존기간은 3년이지만, 식용으로 쓰지 않는다면 무기한이다. 단 알루미늄 제품을 검게 변색시키기 때문에 여기에는 사용을 금지한다.

다음은 같은 알칼리 계열인 비누. 비누는 강산성 유지에 강알칼리성의 수산화나트륨이나 수산화칼륨을 반응시켜 만들고 소다보다 강한 알칼리성이다. 비누는 계면활성제의 작용으로 산성 때를 제거한다.

그리고 산성인 식초와 구연산이 있다. 둘 중 원하는 것으로 골라 사용하면 된다. 식초는 여러 종류의 술을 초산균으로 발효시킨 것으로 각 나라나 지방에 따라 종류가 다양하다. 곡물식초, 과일식초, 와인식초, 알코올식초 무엇이든 좋지만, 초밥용처럼 조미된 식초는 안 된다.

식초가 때를 제거하는 건 침투, 박리, 용해 작용 원리에 의한다. 특유의 항균작용으로 미생물 번식을 억제하고, 미생물이 증가하지 못하게 활동을 막는 정균(靜菌)작용을 한다. 또한, 70℃ 이상으로 가열한 식초는 모든 균을 죽여 곰팡이나 세균을 광범위하게 억제한다.

탈취 효과 면에서는 알칼리성 악취를 제거하고, 비누나 소다의 알칼리성을 중화시키는 린스 효과는 대상의 세제 찌꺼기를 없애고 부드럽게 만든다. 예전에 머리를 헹구고 빨래를 헹굴 때 식초를 쓴 이유가 바로 이런 작용 때문이다. 또한, 식초는 환원 작용으로 금속류의 녹과 냄새를 제거한다. 하지만 철이나 대리석, 인공대리석에는 녹과 변질의 우려가 있으므로 사용하면 안 된다.

구연산 역시 식초와 같은 산성으로 정균 효과와 린스 효과를 가진다. 시트르산이라고 하는 무색, 무취 결정체로 물에 잘 녹고 신맛이 강하다. 레몬이나 귤, 유자 등에서 신맛을 내는 성분이 바로 구연산인데 식초보다 강한 산성이다. 식초 냄새가 싫으면 냄새가 없는 구연산을 대용으로 사용하면 좋다. 과육을 직접 사용할 수도 있고 과립 상태의 구연산을 사서 써도 된다. 식초와 구연산 모두 서늘한 곳에 보관한다.

마지막으로 알아야 할 것은 '때'에 대해서다. 소다와 식초, 비누를 준비하는 것은 이 녀석들이 우리가 상대하는 때와 특별한 관계라서 그 특성을 이용하기 위함이다. 알칼리 계열인 비누와 소다, 산성 계열인 식초나 구연산, 그리고 때에도 산성과 알칼리성이 있다.

대부분 때는 기름때이고 산성이다. 가스레인지의 끈적이는 때뿐 아니라 컴퓨터 키보드의 버튼에 남은 손가락 자국도, 테이블의 얼룩도 모두 산성인 기름때다. 반면 물때와 비누 찌꺼기는 알칼리성이다. 그래서 소다와 비누는 기름때를, 식초와 구연산은 알칼리성 때를 중화하여 쉽게 없애는 역할을 한다. 혹은 식초가 산성인 기름때에 반응하여 깨끗하게 하는 것은 두 물질이 같은 산성으로 친화력이 있기 때문이다.

오염 제거와 함께 집 안에 소독·방향 효과를 높이고 싶다면 용도에 맞는 허브 에센셜 오일을 위 재료들에 혼합해 사용하면 아주 만족한 성과를 얻을 수 있다.

여러 기름때는 소다로 청소하고 식초로 헹구는 방식을 사용한다. 대부분의 청소는 알칼리계가 산성계를 중화시킨 결과이고, 헹굼이라는 것은 물체에 남아 있는 비누 찌꺼기, 즉 알칼리성 찌꺼기를 산성계인 식초로 다시 중화시키는 작업이다. 천연 세제 청소에서는 소다를 기본으로 사용하면서 식초와 비눗물을 적절히 섞어서 청소한다.

베이킹 소다 지혜롭게 활용하기

- 베이킹 소다는 청소나 빨래는 물론 방습·탈취제로도 쓸 수 있다.
- 냉장고, 옷장, 신발장, 창고 등에 방습 탈취제로 사용한 베이킹 소다는 청소용 분말로 재사용한다.
- 냉장고 탈취제로 쓴 것은 그릴 받침대에 깔아 기름을 흡수하는 용도로 사용한다.
- 신발장에 썼던 것은 쓰레기통의 악취 완화용으로, 옷장에 사용한 것은 카펫이나 바닥 또는 배수구 청소 용도로 재활용한다.
- 실내용 탈취제를 만들려면 베이킹 소다 200g에 좋아하는 에센셜 오일 20방울을 떨어뜨려 잘 섞는다. 보기 좋은 유리컵이나 그릇에 넣고 그 위에 마른 허브 잎을 몇 장 올리면 더욱 좋다.
- 가끔 섞어주어 약해지는 향을 보완하고 1~2개월에 한 번씩 교체해 주기만 하면 된다. 이렇게 만든 아로마 탈취제를 여러 곳에 사용할 수 있다.
- 신발장에 탈취제를 두고 싶다면 종이컵에 베이킹 소다 100g을 넣고 티트리나 라벤더 오일 10방울을 잘 섞어서 사용한다. 신발장 크기에 따라 여러 개를 배치한다.
- 물을 사용할 수 없는 공간에는 마시고 난 차 찌꺼기를 말려 고루 뿌려주고 그 위에 베이킹 소다 가루를 뿌려두었다가 함께 쓸어내는 방법으로 물청소를 대신할 수 있다.

집 안 곳곳, 안전하게 때깔내기

일반적인 청소를 할 때는 대부분 식초수를 사용하면 해결된다. 더 강한 오염일 때는 베이킹 소다 가루나 소다수를 먼저 사용하거나, 불림이 필요한 때에는 물비누와 소다수를 사용한 후 식초수를 이용하는 경우가 많다. 혹은 소다페이스트를 붙여두었다가 문질러 닦아내는 것으로 집 안의 모든 부분을 깨끗이 청소할 수 있다.

앞에서 언급했듯이 때의 성질을 파악하면 무엇으로 어떻게 처리해야 하는지를 알 수 있다. 무작정 박박 닦아대거나 화학 세정제를 남용하는 것보다 훨씬 과학적이고 환경에 이롭다.

참고로 산성인 더러움은 기름때와 유지 식품 잔류물, 맥주와 정종, 손때, 목욕 후 찌꺼기, 음식 쓰레기 냄새, 부패하는 냄새, 구토물 등이다. 알칼리성의 오염은 비누 찌꺼기와 소변, 전기 포트 내부의 얼룩, 물때, 생선 비린내, 담배 냄새, 담뱃진, 야채를 우린 냄비의 얼룩 등이 해당된다. 지금부터 순수한 천연의 힘으로 안전하고 깨끗하게 집 안을 관리해보자.

주방

집 안에서 가장 쉽게 더러워지는 곳이며 기름때와 냄새의 진원지이기도 하다. 그럼에도 가장 청결해야 할 곳이기도 한 만큼 때를 지우는 일과 세균 번식을 방지하는 것에도 주의를 기울여야 한다. 식초수 사용 시 소독 작용을 하는 에센셜 오일을 첨가해 사용하면 좋다.

‖ 싱크대, 조리대, 식기 건조대의 받침, 음식물 거름망, 배수구 ‖

모두 분말 베이킹 소다를 고루 뿌리고 물에 적신 스펀지나 솔, 칫솔 등 알맞은 도구로 구석구석 닦아내고 물로 씻어낸 후 식초수를 뿌려 마무리한다. 싱크대와 조리대는 식초수로 마감한 후 마른 헝겊으로 한 번 닦아준다.

‖ 수도꼭지 ‖

수도꼭지 주위에 식초수를 뿌리고 헝겊으로 때를 닦아낸 다음 물로 씻어내고 마른 헝겊으로 마무리한다. 물때가 많이 찌든 경우는 키친타월에 식초수를 흠뻑 적셔 수도꼭지 주위를 감싸둔 채 2~3시간 동안 두었다가 씻어내고 틈새의 때는 칫솔로 닦아낸다. 그래도 때가 가시지 않으면 칫솔에 베이킹 소다를 묻혀 문지르고, 물로 씻은 후 마른 헝겊으로 닦아낸다.

‖ 배수구 박힘 ‖

배수구에 베이킹 소다 1컵을 뿌리고 식초 1컵을 뜨겁게 데워 배수구에 붓는다. 거품이 끓어오르면 2~3시간 기다렸다가 뜨거운 물을 부어 준다. 식초를 데울 때 끓지 않도록 조심한다. 온수의 가장 뜨거운 정도면 알맞다.

70℃ 이상의 식초는 모든 균을 죽일 만큼 강력하다.

‖ 가스레인지 ‖

조리 후 가스레인지가 아직 식지 않았을 때 베이킹 소다수를 뿌려 때를 지우고 식초수를 뿌린 후 마른행주로 닦아낸다. 삼발이와 받침대는 물비누를 뿌려두어 불린 다음 베이킹 소다를 한 번 더 뿌리고 수세미로 싹싹 문질러 닦은 후 물로 씻어낸다.

‖ 가스레인지 후드 ‖

후드도 따뜻할 때 베이킹 소다수를 뿌리고 걸레로 닦은 다음 다시 식초수를 뿌리고 마른걸레로 닦아낸다. 탈착이 가능한 환풍기는 분리하여 개수대에 넣고 물비누와 베이킹 소다 가루를 뿌려둔다. 때가 충분히 불면 수세미와 칫솔로 고루 닦아내고 물로 헹군다. 식초수로 마무리하고 마른걸레로 닦는다.

‖ 생선 그릴 ‖

그릴에 베이킹 소다를 뿌려 기름기를 먼저 제거한 후, 수세미에 물비누를 묻혀 때를 지운 후 물로 헹궈 말린다. 그릴 받침대에 재활용용 베이킹 소다 가루를 고루 뿌려두면 생선 구울 때 기름을 흡수해 청소가 간편해진다. 또 생선을 꺼낸 직후 베이킹 소다를 뿌려두면 아주 간단히 청소할 수 있다.

‖ 전자레인지 ‖

베이킹 소다수를 내열 용기에 넣어 전자레인지를 돌리면 내부의 때와 냄새가 한꺼번에 제거된다. 그리고 내부 벽면에 생긴 소다수 수증기를 닦아낸다. 혹은 물 500ml와 식초 1큰술, 에센셜 오일 10방울을 넣어 섞은 용액을 넣고 기기를 작동시켜 수증기가 나기 시작하면 멈추고 10분 정도 두었다가 수증기가 꽉 차면 마른걸레로 닦아내도 된다. 또 전자레인지 내부에 음식 냄새가 배었을 때는 그릇에 베이킹 소다 가루를 넣고 하룻밤 동안 두면 된다.

‖ 식기세척기 ‖

식초 3큰술과 에센셜 오일 3방울을 담은 접시를 식기세척기 안에 넣고 작동시킨다. 이때 스테인리스 소쿠리와 차 거름망을 같이 넣어 주면 일거양득.

‖ 커피메이커 ‖

미지근한 물 1*l*에 베이킹 소다 가루 50*ml*를 녹여 부은 후 작동시키고, 전원이 꺼지면 물로 헹궈낸다.

‖ 전자레인지와 오븐 토스터의 유리, 커피 필터, 찻물 때 ‖

베이킹 소다 가루를 앞유리에 뿌리고 잠시 두었다 키친타월로 문지른 후 식초수를 묻힌 헝겊으로 닦아준다. 커피 필터와 찻물이 든 찻잔은 물에 적신 뒤 베이킹 소다 가루를 뿌리고 칫솔이나 스펀지로 문질러 닦은 다음 물로 헹군다. 일반 유리컵이나 플라스틱 용기의 물때는 알맞은 함지박에 식초 3큰술가량을 넣고 담가두었다가 헹궈 말린다.

‖ 전기 포트 ‖

뜨거운 물과 식초 50*ml*를 섞어 하룻밤 동안 재운다. 스펀지로 내부를 문질러 닦은 후 물로 헹군다.

‖ 탄 냄비와 프라이팬 ‖

탄 냄비에 물을 절반쯤 붓고 베이킹 소다 가루 2큰술을 넣어 물을 끓인다. 물이 끓기 시작하면 약한 불에서 5분 정도 더 끓인다. 물이 식으면 스펀지나 솔로 문질러 닦고 헹군다. 안팎으로 기름때가 심한 냄비는 물 1컵에 베이킹 소다 가루와 식초를 각각 1큰술씩 섞어 냄비에 붓고 끓인 후, 불을 끄고 잠시 두었다가 스펀지로 닦아낸다. 그러나 알루미늄 냄비에 베이킹 소다를 사용하면 변색하므로 스펀지에 물비누를 묻혀 전체를 잘 닦고 헹군 다음 식초수를 뿌리고 마른 행주로 닦는다.

‖ 설거지 스펀지, 행주, 도마 ‖

스펀지는 설거지용 함지박 정도 크기 그릇에 물을 가득 붓고 식초 3큰술을 섞어 담근 후 하룻밤 동안 재웠다가 짜서 햇빛에 말린다. 젖은 행주는 활짝 펴서 베이킹 소다 가루를 뿌려두었다가 물로 헹구고 건조시킨다. 도마는 베이킹 소다 가루와 식초수를 뿌려 거품이 일도록 두었다가 뜨거운 물로 헹궈 말린다.

‖ 냉장고 ‖

평상시에는 행주에 식초수를 뿌려 안팎을 닦으면 된다. 냉장고 속 때가 낀 부분에는 베이킹 소다 페이스트를 발랐다가 물을 묻힌 키친타월로 닦아낸다. 식초수를 뿌린 헝겊으로 다시 한 번 닦아 마무리한다.

욕실 및 화장실

물때가 가장 많은 곳이지만, 주방과 함께 가장 청결해야 하는 곳이다. 검은 곰팡이가 피지 않도록 습기와 때를 없애고 환기에 힘쓴다. 곰팡이 방지를 위해 환풍기를 자주 돌리고 욕실 벽과 바닥에 식초수를 뿌려 청소하고 유리닦이로 물기를 제거한다.

‖ 세면대 ‖

베이킹 소다 가루를 뿌리고 스펀지로 문질러 닦은 후 물로 씻어낸다. 식초수를 뿌려 마무리한다.

‖ 욕실장 ‖

화장품 자국과 먼지로 더러워진 부분에 베이킹 소다 페이스트를 발라 칫솔로 문지른다. 식초수를 뿌리고 수건으로 닦아낸다.

‖ 수도꼭지, 배수구, 배수구 막힘 ‖

주방과 같이 조치한다.

‖ 변기 ‖

변기 청소는 깨끗한 곳부터 한다. 바깥쪽은 식초수로만 닦아도 냄새까지 해결된다. 안쪽에는 베이킹 소다 가루를 뿌려 5~10분 정도 놓아둔 후 솔로 닦고 물을 내린다. 고인 물주위에 찌든 때가 끼었을 때는 그 부분에 휴지를 덮고 식초수 뿌려 30분~1시간가량 때를 불린 후, 베이킹 소다 가루를 뿌려 솔로 닦는다. 물탱크는 안에 베이킹 소다 가루 1컵을 붓고 하룻밤이 지난 뒤에 물을 내린다. 평소 볼일을 본 후 아로마 식초수를 뿌려두면 변기 물때와 냄새가 동시에 방지된다. 식초 30㎖에 페퍼민트 오일 9방울을 60㎖의 물에 섞어 만들어 두고 쓸 때마다 흔들어 사용한다.

‖ 욕조, 욕실 용품들 ‖

베이킹 소다 가루를 욕조 안에 고루 뿌리고 스펀지에 식초수를 뿌려 욕조를 닦는다. 물로 씻어내고 헝겊으로 물기를 닦아 마무리한다. 욕조 안의 물때는 물에 적신 스펀지에 물비누와 베이킹 소다 가루를 묻혀 문질러 닦고 물로 헹군 후 마른수건으로 물기를 훔친다. 욕실 용품들은 목욕을 마치고 남은 물을 빼지 말고 베이킹 소다 가루 3큰술을 넣어 녹인 후 하룻밤 동안 담궈 둔다. 다음날 용품들을 꺼내 스펀지로 닦고 헹군다. 때가 많은 부분은 스펀지에 베이킹 소다 가루를 뿌려 문질러 닦는다.

‖ 목욕타월과 스펀지 ‖

식초수를 넣은 세숫대야에 담가 하룻밤 동안 두고 다음날 물로 여러 번 헹궈 볕에 말린다.

‖ 칫솔 ‖

미지근한 물 1컵에 베이킹 소다 가루 1작은 술을 녹인 후 칫솔을 담가 하룻밤 동안 둔다.

‖ 거울 ‖

식초수를 뿌리고 부드러운 헝겊으로 닦아낸다.

‖ 붉은 때 ‖

물의 사용으로 생기는 미끈거리는 때를 붉은 때 혹은 갈색 때라고 한다. 욕실 바닥과 벽, 배수구 주변에 잡균이 번식해서 생겨난 결과이다. 물에 적신 스펀지나 솔에 베이킹 소다 가루를 묻혀 문지르고 물로 헹군다.

‖ 검은 곰팡이 ‖

타일 이음새나 틈에 주로 생기는데 처음 생겨났을 때는 없앨 수 있지만, 때를 놓치면 속수무책이다. 플라스틱 속까지 침투하면 제거할 수 없으므로 예방이 최선이다. 처음 곰팡이가 생긴 부분에 베이킹 소다 페이스트를 바르고 칫솔로 문질러 없앤 후 물로 씻어낸다.

실내청소

찌든 때가 아닌 경우 평상시 청소에는 식초수를 이용하면 때를 쉽게 제거하면서 소독 효과를 볼 수 있다.

‖ 마룻바닥 ‖

청소기를 돌려 먼지를 빨아들이고 자루 걸레에 끼우는 부직포에 식초수를 뿌려 바닥을 닦는다. 대청소할 때는 청소기를 돌리고 나서 틈새가 있는 마루는 칫솔 등을 이용해 틈새의 먼지를 제거하고 다시 한 번 청소기를 돌린다. 심한 오염에는 베이킹 소다 페이스트를 바르고 잠시 두었다가 그 위에 식초수를 뿌리고 걸레로 닦아낸다. 전체적으로 아로마 식초수를 묻힌 걸레질로 마무리하여 끝낸다.

‖ 창문 ‖

긴 솔이나 뾰족한 물건을 이용해 창틀 홈에 낀 먼지와 쓰레기를 빼내고 진공청소기의 뾰족 노즐을 이용해 빨아낸다. 방충망은 빗자루로 위에서 아래로 먼지를 털고 청소기로 다시 제거한다. 유리와 창틀은 식초수를 뿌려 닦아내고 지워지지 않는 유리의 오염에는 베이킹 소다 가루를 뿌린 스펀지로 닦고 식초수를 뿌린 다음 닦아낸다. 창틀은 칫솔에 페이스트를 발라 문지르고 물로 닦아낸다. 방충망은 물에 적신 솔에 베이킹 소다 가루를 뿌려 닦아내고 물로 헹군 후 젖은 스펀지나 걸레로 닦는다. 그리고 식초수를 뿌린 걸레로 다시 닦아내면서 제라늄이나 레몬글라스 같은 에센셜 오일을 섞어 사용하면 방충 효과를 볼 수 있다.

‖ 커튼 ‖

평소 방 청소를 할 때 진공청소기로 위에서 아래 방향으로 천천히 먼지를 빨아낸다. 커튼 전체에 식초수를 뿌려주고 자연 건조시킨다. 가끔 말끔하게 물세탁을 해준다.

‖ 침대 매트리스 ‖

손빗자루로 먼지와 쓰레기를 쓸어내고 칫솔로 바느질이음매와 구석진 곳의 틈새 먼지를 털어낸다. 그리고 청소기로 먼지를 빨아들인 다음 베이킹 소다 가루를 전체에 뿌리고 손빗자루나 손으로 쓸어 고루 퍼지도록 하여 30분가량 두었다가 다시 청소기로 빨아들인다. 앞뒷면을 똑같이 한 뒤 통풍이 잘되는 곳에 매트를 세워 말리고 전에 쓰던 방향과 바꾸어 침대에 맞춰 넣는다.

‖ 옷장 ‖

계절별로 옷장을 정리할 때 대청소를 한다. 옷을 모두 꺼내고 위에서 아래 방향으로 먼지를 모아 내고 청소기로 빨아들이고 걸레로 닦는다. 서랍과 수납공간 등의 먼지를 다 없앤 후 식초수를 뿌리고 말린다.

‖ 신발장, 현관 ‖

신발을 모두 꺼내 그늘에 말리고, 신발장 속 먼지를 쓸어낸다. 베이킹 소다 가루를 뿌려 손빗자루로 고루 편 다음 쓸어낸다. 대야에 물을 가득 담아 에센셜 오일을 5방울 떨어뜨려 섞고 여기에 적신 걸레를 꽉 짜서 신발장 안을 닦아낸다. 현관 바닥은 먼지를 쓸어내고 바닥에 베이킹 소다 가루를 뿌려 물 묻힌 솔로 때를 지운다. 물을 뿌려 헹구거나 닦아낸 후 말린다. 대리석, 화강암류의 재질바닥에는 베이킹 소다를 쓰지 않는다.

‖ 소파, 쿠션 ‖

패브릭 소파와 쿠션은 손빗자루나 옷솔로 섬유에 붙은 먼지를 털어내고 청소기로 빨아들인다. 라벤더 오일을 섞은 베이킹 소다 가루를 전체에 뿌리고 옷솔 등으로 고루 쓸어 2~3시간 정도 두었다가 진공청소기로 빨아들인다. 구석진 틈새는 노즐을 바꿔 사용한다. 가죽 소파는 바나나 껍질 안쪽으로 문지른 후 깨끗한 천으로 닦아내면 광택이 나고 천연코팅제 역할도 한다.

‖ 카펫 ‖

청소기로 일차 먼지를 빨아들인 후 에센셜 오일을 첨가한 베이킹 소다 가루를 고루 펴 뿌리고 하룻밤 동안 두었다가 청소기로 빨아들인다. 지워지지 않은 얼룩은 베이킹 소다 페이스트와 물비누를 섞어 발라두었다 식초수를 뿌린 다음 마른걸레로 닦아낸다. 음료를 엎질렀을 때는 재빨리 걸레로 물기를 닦아내고 베이킹 소다 가루를 뿌린 후 하룻밤 두었다가 청소기로 빨아들인다.

‖ 가구 ‖

칠이 안 된 목제가구를 제외한 일반가구는 식초수를 뿌린 걸레로 닦아준다. 오염이 심할 때에만 소다수 헝겊으로 먼저 닦아내고 식초수 헝겊을 쓴다. 광택을 내려면 식용유와 식초를 3대 1의 비율로 섞어서 닦고, 니스칠을 한 목제가구는 우유를 천에 적셔 닦으면 광택이 난다.

‖ 가전제품 ‖

전원코드를 빼고 헝겊에 소다수를 뿌려 오염 부분을 닦은 후 식초수를 뿌린 헝겊으로 다시 한 번 닦아내면 얼룩과 정전기를 다 해결할 수 있다. 소다수를 가전제품에 대고 직접 뿌리지 않는다.

‖ 세탁기 ‖

세탁기에 물을 가득 받아 식초 2~3컵을 넣고 일반 세탁코스로 작동시킨다. 하루쯤 두었다가 해도 좋다.

‖ 가습기 ‖

가습기 물통에 물 1*l*당 베이킹 소다 가루 1큰술 정도를 섞어 넣으면 냄새와 때를 다 없앨 수 있다.

‖ 벽지 ‖

유통기한이 지나 못 먹게 된 빵이 있다면 벽지의 얼룩을 닦아내는 데 쓴다. 담뱃진 얼룩은 초기에 식초수를 묻힌 헝겊으로 부드럽게 닦아낸다.

‖ 벽, 천장 ‖

해진 스타킹을 긴 막대의 끝에 달아 먼지를 털어내면 스타킹에서 발생하는 정전기가 먼지를 잡는다.

소박하고 단순하게 살자!

지금까지 우리가 생활의 터전으로 삼아온 가정 내에 어떤 유해 물질이 있고, 어떻게 대처해야 하는지 살펴보았다. 가장 안락하고 안전하다고 믿어 의심치 않았던 내 집, 내 방에 이토록 많은 위험인자가 도사리고 있을 줄 불과 몇 년 전까지만 해도 우리는 알지 못했다.

30년 전만 해도 아토피나 천식은 일반인에게 그리 흔한 질병이 아니었다. 또한, 그보다 30년 전에는 동네에 있는 강이나 시내에서 물장구치며 몸을 담그고 놀았는데 그 몇십 년 사이에 도대체 무슨 일이 일어났던 것일까?

알다시피 우리는 그동안 허리띠 졸라매고 공장을 짓고 산업을 일으키며, 건설하고 개발하는데 맹렬히 달려왔다. 그 사이 물이 썩고 공기는 더러워졌으며, 푸른 산이 붉은 속살을 드러내고 앓고 있다. 물질이 홍수를 이루고 쓰레기가 넘쳐나는 동안 건물이 하늘을 치솟고 패스트푸드가 밥상을 장악했다. 바로 이런 변화로 오늘날 내 집에서 내 가족이 안전할 수 없는 지경에 이르고 만 것이다.

지금 당장 방 안을 둘러보라. 전자제품 놀잇감과 기능보다 과시욕 때문에 구매한 가구는 얼마나 많고, 수많은 소유물 중 필수품이 아닌 사치품은 또 얼마나 많은가.

세련된 주황색 가운을 선물 받고서 그 하나 때문에 낡은 서재를 차례차례 바꿔 갔던 드니 디드로(Denis Diderot)처럼 사람들도 매일 디드로 효과(Diderot effect)에 빠져 산다. 낡은 TV를 PDP TV로 바꾸고 나면, 홈시어터도 설치해야겠고 어울리지 않는 허름한 소파도 바꾸고 싶다.

디드로 효과의 핵심은 욕망이다. 그것이 정서적 심미적인 것이든, 기능적인 것이든, 과시적인 것이든 그것의 본질은 언제나 욕망이다.

건강한 집에서 사는 기본원칙은 '소박하고 단순한 생활방식'이다. 요즘 사람들 보기엔 가난하고 단조로운 생활이라고 느낄 수 있을지 모른다. 그러나 필요할 때에만, 필요한 만큼만, 필요한 정도로 간소한 의식주 생활이라면 진정한 웰빙(Well Being)을 이룰 수 있을 것이다. 부족함 없으나 넘치지 않게 알맞은, 그러면서도 자연을 거스르지 않는 소비가 가장 훌륭한 소비이다. 사실 그렇게 살면 현대인이 간절히 바라는 건강도 장수도 자연히 이루어지는 길인데 이상하게 사람들은 자연과 건강을 해치며 돈을 벌고 그걸로 다시 자연을 보호한다고, 건강해지겠다고 돈을 쓴다.

진정한 웰빙을 위해서는 사고의 전환이 있어야 한다. 지금껏 모르는 사이 가담해 버린 물질과 소비의 수레바퀴 돌리기에서 빠져나와 소박하고 단순한 방식으로 되돌아가려면 확고한 철학과 지식이 있어야 한다.

이 세상의 재화는 아무리 끝이 없어 보여도 한정되어 있다. 우리 대에 끝나지 않을지라도 저 끄트머리 어느 후손 대쯤에 지구는 살곰살곰 빼먹은 곶감처럼 쭉정이만 남고 말 일이다.

혹자는 우리가 후손에게 지구를 빌려 쓰고 있는 것이라고 말한다. 우리는 모든 자원과 그로 인해 얻은 물질들을 낭비할 권리가 없다. 내가 자연을 낭비하고 더럽힌 것 때문에 지구 반대편의 누군가, 혹은 훗날의 누군가는 병들고 죽어갈 수 있다. 내가 자연을 과소비했기 때문에 그들은 필요한 만큼도 얻지 못하는 것이다.

금욕주의자가 되라는 말이 아니다. 적합한 소비, 생산적인 생활을 하자는 것이다. 우리가 담보하고 있는 후대의 삶을 소모하지 말자는 것이다. 적어도 비합리적인 자본구조와 축적에 의식도 없이 일조하면서 스스로 소모되는 삶을 살지는 말자는 것이다.

그래서 실천할 일이 소박하고 단순한 생활이다. 쓰레기 줄이기, 물건을 재활용 하고 물건을 알뜰하게 사용하기, 인공 합성 화학제품 사용 줄이기, 오염물질 안 만들어내기, 꼭 필요한 물건만 구매하기 등등 생활 속에서 소박하고 단순한 생활을 실천하는 방법은 많다.

이 책에서 이야기하는 모든 정보는 소박하고 단순한, 그러나 진정한 웰빙 생활을 위한 방법과 왜 그런 방법이어야 하는지를 설명하는 것들이다. 한때의 유행한 자연주의가 아니라 진정 삶에서 구현되는 자연주의를 실천하길 바란다. 자연주의는 나와 남을 살리고 나아가 지구를 아끼는 가장 좋은 방법론이기 때문이다.

‖ 참고문헌 ‖

저서

- 강경인, 『이제는 집도 웰빙이다』, 대가, 2004.
- 곽병화, 『공기정화 식물 키우기』, 월빙플러스, 2007.
- 곽홍탁, 『21세기를 위한 환경학』, 신광문화사, 2003.
- 구희연, 이은주, 『대한민국 화장품의 비밀』, 거름, 2009.
- 김자경, 『자연을 담은 집』, spacetime, 2007.
- 데보라 캐드브리, 『환경호르몬』, 전파과학사, 1998.
- 데브라 린 데드, 제효영 역, 『독성프리』, WILL COMPANY.
- 데브라 데이비스, 『대기오염 그 죽음의 그림자』, 에코리브르, 2004.
- D. 린드세이 벅순, 『환경호르몬의 반격』, 아름미디어, 2007.
- 마이클 로이젠, 베넷 오즈, 『내 몸 사용 설명서』, 김영사, 2007.
- 미야니 시나오고 외, 『환경 호르몬으로부터 가족을 지키는 50가지 방법』, 삼신각, 2000.
- 박미진, 『실내공기오염의 매카니즘』, 동화 기술 교역, 2001.
- 박형숙, 『환경독성학』, 동화기술교역, 2005.
- 발레리줄레조, 『한국의 아파트 연구』, 아연출판부, 2004.
- 부티크사, 『베이킹 소다 활용 지혜』, 종이나라, 2007.
- 빅키 랜스키, 『생활의 발견, 식초』, 황금부엉이, 2006.
- 빅키 랜스키, 『생활의 발견, 베이킹 소다』, 황금 부엉이, 2006.
- 사코 노리코, 『내추럴클리닝- 먹는 재료로 청소한다』, 이아소, 2006.
- 삼성출판사 편집부, 『살림의 여왕』, 삼성출판사, 2005.
- 손세관, 『도시 주거 형성의 역사』, 열화당, 2004.
- 손영기, 『회관씨의 병든 집』, 북라인, 2004.
- 송현진, 『새집증후군을 아십니까?』, 법륜출판사, 2005.
- 신광문화사 편집부, 『실내공기와 건강』, 신광 문화사, 2004.
- 양상현, 『거꾸로 읽는 도시, 뒤집어보는 건축』, 동녘, 2005.
- 오치도 요모, 『생활도감』, 진선출판사, 1998.
- 윤홍수, 「친환경 자재 사용에 따른 실내공기질 개선 효과 및 경제성 분석」, 한양대학교, 2009.

- 월버튼, 『새집증 후끈 치유하는 실내공기정화 식물 50가지』, 중앙생활기가, 2005.
- 이경희, 『친환경 건축계본』, 기문당, 2005.
- 이송미, 『공해 천국 우리 집』, 소담출판사, 2004.
- 이와오 아키코,『소다의 지혜』, 웅진 지식하우스, 2006.
- 이창기,『환경과 건강』, 양서각, 2004.
- 일본 내추럴 라이프 연구회, 『자연주의 청소법-베이킹 소다와 아로마를 이용한』, 우듬지, 2006.
- 임만택, 『건축환경탐』, 보문당, 2006.
- 장현춘, 『인간 생활과 자연환경 이야기』, 백양출판사, 2006.
- 적M. 홀랜더, 『환경위기의 진실』, 에코리브르, 2004.
- 차동원, 『실내공기오염(건축환경)』, 기문당, 2007.
- 천상옥, 『실내환경과 생태식물』, 전남대학교출판부, 2005.
- 카토 신스케, 『건축 실내환경학』, 기문당, 2005.
- 쿄고 쿄고, 이민영 역, 『친환경 우리 집 만들기』, 우듬지, 2007.

논문

- 강영석, 「목재용 도료의 VOCs 방출특성이 목조주택의 실내공기질에 미치는 영향에 관한 연구」, 서울시립대 석사학위논문, 2009, p. 21.
- 김효영, 「소규모 공동주택의 실내 마감재로 인한 문제점 개선 방향에 관한 연구」, 2004, p. 19.
- 김효정, 「아토피피부염과 주거환경과의 상관성 연구」, 연세대학교 대학원, 2005.
- 송혁 외 2명, 「거주자 안전을 고려한 친환경 건축 자재의 HCHO 등급에 관한 고찰」, 한국안전학회지 vol. 21, no. 1, 2006.
- 신부식 외, 「지속가능한 주거환경 실현방안 연구」, (사)지속가능발전진흥원 환경경제연구소, 2006.
- 윤동원, 「실내공기질 관리를 위한 친환경 건축 자재 인증제도」, 설비저널 제33권 제1호 2004년 1월호.
- 이종효 외 5명. 「방향제 사용에 따른 실내공기 오염물질의 배출특성 평가」, 한국환경과학회 2007년도 춘계 학술발표회 발표논문집, 2007.
- 임성국 외, 「모기향 및 흡연의 배출 유해공기오염물질 비교」, 한국보건교육·건강증진학회, 2007.

- 임시현, 「의류, 세제, 모기향 등의 주택 내 실내공기 오염물질 발생량에 대한 실태 조사」, 석사논문, 서울산업대학교 주택대학원, 2005.
- 정명진, 「환경 섬유 소재를 활용한 국내 침구브랜드 제품에 관한 연구: 소비자 구매 행동을 중심으로」, 서경대학교 석사논문, 2013.
- 조완근, 산승호 외 2명, 「실내방향제 사용에 의한 유해 가스상 오염물질 배출 산정 및 노출평가」. 환경독성보건학회지 24권, 제2호.
- 조형진, 「공동주택벽지에서 사용되는 접착제의 유해수준에 관한 연구」, 건국대학교 석사학위논문, 2005, pp. 10~13.
- 채창우 외, 「친환경 건축 자재 평가 및 순환 재활용 기술」, 한국건설기술연구원, 2000.
- 한경희 외, 「생태학적 관점에 의한 환경 친화적 건축 재료에 관한 연구」, 한국실내디자인학회지 41: 237~238.

기사

- 「가습기 살균제 죽음 누구의 책임인가?」 (PD수첩, 2012. 05. 07)
- 「건축 자재 유해물질 새집증후군 주의」 (인천일보, 2013. 7. 3)
- 「공기정화·에너지 절감 '바이오 월' 탄생」 (정책브리핑, 2013. 07. 12)
- 「디지털 교실 전자파 노출 '위험'」 (전자신문, 2013. 3. 10)
- 「새집증후군 주의! 일부 실내 건축 자재, 오염물질 기준치 초과」, 국립환경과학원, 환경부 [편]
- 「여성 생리용품의 진실」 (한국경제, 2012. 07. 12)
- 「정체불명의 장난감 우리 아이들 괴롭히는 "괴물"」 (노컷뉴스, 2013. 12. 9)
- 「주택 실내 공기 유해물질 오염 심각: 아파트엔 새집증후군 물질, 연립엔 박테리아 많아」 (한국일보, 2013. 4. 22)
- 「편리한 탐폰, 건강 해칠 수 있다」 (한국소비자원, 2011. 06. 09)
- 「'항균 비누' 인체에 치명적일 수도」 (김창엽 기자, LA 중앙일보, 2013. 06. 25)
- 「항균 비누, 항균 세제? "생식 기능에 안 좋아요~"」 (헤럴드 경제, 2013. 10. 23)
- 「환경과 건강을 위한 선택 '대안 생리대'에 대해 알아야할 것들」 (레이디경향, 2007. 11월호)
- 「환경호르몬의 역습」 (SBS 스페셜, 2006. 9. 17)
- 「PC방 자주 간 사람, 남성 호르몬 적다」 (중앙일보, 2001. 1. 18)

사이트

- 어린이 환경과 건강포털(www.chemistory.go.kr/)
- 일본 환경공생주택추진협의회 공식홈페이지(www.kkj.or.jp/)
- 식품의약품안전처(www.mfds.go.kr)
- 생활환경정보센터(www.iaqinfo.org/)
- 식품의약품안전처(http://drug.mfds.go.kr/)
- 대한전문건설협회사이트(www.kosca.or.kr)
- 한국 공기청정협회 사이트(http://kaca.or.kr)
- 한국소비자원(www.kca.go.kr)
- 한국특허정보원(www.kipi.or.kr/)
- 한국표준협회(http://www.ksa.or.kr)
- 한국환경산업기술원(www.keiti.re.kr)
- 화학물질안전관리정보시스템(http://kischem.nier.go.kr/)
- 화학물질정보지원시스템(http://www.coreach.net/)
- 환경부 사이트(www.me.go.kr)

장이 우리를 죽인다,

독(毒)적과의 동침

초판 1쇄 발행일 2014년 3월 15일
초판 2쇄 발행일 2014년 4월 7일

지은이 허정림
펴낸이 박영희
편집 배정옥 · 유태선
디자인 김미령 · 박희경
인쇄 · 제본 에이피프린팅
펴낸곳 도서출판 어문학사
서울특별시 도봉구 쌍문동 523-21 나너울 카운티 1층
대표전화: 02-998-0094/편집부1: 02-998-2267, 편집부2: 02-998-2269
홈페이지: www.amhbook.com
트위터: @with_amhbook
블로그: 네이버 http://blog.naver.com/amhbook
다음 http://blog.daum.net/amhbook
e-mail: am@amhbook.com
등록: 2004년 4월 6일 제7-276호

ISBN 978-89-6184-328-7 03530
정가 15,000원

이 도서의 국립중앙도서관 출판시도서목록(CIP)은 e-CIP홈페이지(http://www.nl.go.kr/ecip)와
국가자료공동목록시스템(http://www.nl.go.kr/kolisnet)에서 이용하실 수 있습니다.
(CIP제어번호: CIP2014005429)